JavaScript 基礎ドリル

穴埋め式

金子 平祐・Grodet Aymeric・Bahadur MD Rakib・新居 雅行 共著

Ohmsha

まえがき

　Webサイトの開発で中心的な開発言語と言えるJavaScriptは、最も使われている言語の1つと言えるでしょう。しかも、Webという重要なメディアを担う技術なだけに、相当長期間に渡って使われることになるのは明白な言語です。一方で、学習のしづらい言語としても有名です。古くはブラウザー間の互換性のなさをプログラマー自身がうまく回避しながら開発しないといけない時代もありました。しかしながら、非互換性は長い年月を経て次第に解決していますし、古くて不適当な言語機能は意図して使わないことで良い言語になるという考え方が浸透し、活用次第で良い言語になるという見方を醸成しました。2005〜2010年くらいの時期にはブラウザー上でのJavaScriptの稼働環境の向上が、OSメーカーやブラウザー開発会社も交えて積極的に行われ、現在ではAngularJSやReactJSといったかなり高機能なJavaScriptフレームワークを、Windows/Macはもちろんモバイルデバイス上でも十分に処理できるくらいの状況になっています。

　一方で、JavaScriptの機能は多岐に渡ります。言語としてのJavaScriptに加えて、ブラウザー環境では様々な仕組みが組み込まれています。基本的な言語の知識だけではアプリケーションに必要な機能は実装できません。また、サーバーサイドのNode.jsも広く使われています。JavaScriptの範疇は言語にとどまらずに、Webサイトやサーバーなど様々な領域を網羅するものです。もちろん、1つひとつをしっかり勉強するという選択肢もありますが、本書のようにそれぞれの領域で代表的なテーマを設定して穴埋め式の問題を解くという方法は、実践的かつ結果も見えているので分かりやすい学習方法ではないでしょうか。もちろん基本問題もあるのでJavaScriptの初心者のスキルアップにもご利用いただけますし、特定の分野に強い方でももっと守備範囲を広げることにも利用できるでしょう。また、JavaScriptに自信のある方でも、難問に挑戦していただけます。

　JavaScriptは色々な意味で奥の深い言語ですので、プログラミングに興味のある方は是非とも取り組んでいただきたい言語でもあります。これまで避けていた方がJavaScriptを学習するきっかけになり、あるいはJavaScriptを日常的に使っている方がより深い知識を取得できるようになることを願っています。

2020年10月

筆　者　一　同

目次

Contents

Chapter **3**　文字列と正規表現　61

Chapter 4　データ構造　配列とオブジェクト 81

JavaScript ミニ知識

プログラミングミニ知識

数学ミニ知識

本書の凡例など

プログラムコード類のフォント

本書では、以下のフォントを使用しています。

1234567890
ABCDEFGHIJKLMNOPQRSTUVWXYZ
abcdefghijklmnopqrstuvwxyz
@!"#$%&'`^|/*-+?.,:;_ (){}[]<>

\\（バックスラッシュ）は、お使いの環境では ¥ マークが表示される場合があります。

JavaScript に関するドキュメント

JavaScript のまとまったドキュメントとしては、MDN Web Docs があり、Web 標準に関する様々なドキュメントが公開されています。本書ではこちらの記述や用字用語を基準といたしました。

https://developer.mozilla.org/ja/

その他

本書のプログラムは執筆時点での状況で動作確認をしています。

問の☆マークは難易度です。

各解答は 1 例です。

JavaScript のバージョンは ES6 を基本とし、そうでない場合には都度示しています。ブラウザーで実行する際には Chrome や Edge の利用を推奨します。

問題のプログラムの実行方法

本書のプログラムの稼働方法は、各 Chapter の最初の説明の最後、つまり最初の問題の直前あたりにまとめて記載してあります。それを参考にご自分でファイルを作られてもいいのですが、以下の URL で問題プログラムを配布しています。

https://github.com/hskaneko/js-drill-questions

1

基本文法と計算処理

　ウェブブラウザー上で稼働するプログラミング言語である JavaScript について、記述方法などの基本をこの章では説明します。JavaScript のプログラムは、Java や C と同様に 1 つの**ステートメント**（文）が連続したものです。セミコロンで区切ることもできますが、改行だけで区切るのが最近のトレンドです。**コメント**の記述は、Java や C と同様です。行末までのコメントは //、複数行に渡るコメントは /* ... */ のように記述します。

1.1　数値と文字列のリテラル

　プログラム中に数値をそのまま記述する**リテラル**について、そのまま数字や小数点を記述すれば、10 進数として解釈されます。整数も小数点数も、いずれも Number 型のデータとなります。また、基数が 10 の指数形式は、「8.5e-3」のように記載されますが、これは、8.5 * (10 ** (-3))= 0.0085（** は冪乗、すなわち 10 の -3 乗）を示します。数値の区切りとして、**アンダーライン**「_」も利用でき、桁数の大きな整数値を 3 桁ごとに区切るような場合にも利用できます。なお、10 進数以外は、0x で始める 16 進数、0o で始める 8 進数、0b で始める 2 進数でのリテラルも記述できます。最初は「ゼロ」で次の文字は、x、o、b ですが、2 文字目は大文字でも構いません。16 進数の 9 より上の数値は大文字小文字の A～F を

利用します。つまり、一般的な 16 進数の記述がリテラルとして可能だということです。

　文字列については、**ダブルクオート**「"」、**シングルクオート**「'」、あるいは**バックティック文字**「`」で囲むことでリテラルを記述できます。囲み文字のダブルクオートとシングルクオートによる違いはありません。バックティック文字での文字列リテラルについてはこの後で説明します。文字列中で改行などの制御コードや囲み文字があるような場合は、**バックスラッシュ**「\」とそれに続く文字列（**エスケープシーケンス**）で記述を行います。例えば、\" はダブルクオート、\n はコード 0x0A の改行コード（ラインフィード）、\r はコード 0x0D の改行コード（キャリッジリターン）、\t はタブといったあたりがよく利用されます。また、「\xHH」の形式で HH に 2 桁の 16 進数を記述することでその数値を文字コードとする文字になります。例えば、\x41 は「A」です。Unicode 文字の場合は、「\uCCCC」の形式で CCCC に 4 桁の 16 進数を記述します。例えば、\u9ad9 は「高」です。さらに桁数が任意の Unicode 文字のエスケープシーケンスとして「\u{DDDD}」の形式があります。DDDD は 0 から 0x10FFFF までの 16 進数を記述できます。例えば、\u{1F600} はお馴染みの笑っている絵文字になります。

　プログラムに記述できる特別なキーワードとして、論理値の true や false、オブジェクトがないことを示す null もあり、これらもリテラルです。加えて数値として記録できない計算の結果などは「Not-A-Number」の略語のような NaN という値が返ってきますが、これは特殊なグローバル変数です。さらに、値が設定されていないことを示す undefined もありますが、これも特殊なグローバル変数です。これら、null のような立場の NaN や undefined をうまくプログラム内で処理をすることが JavaScript では求められています。

1.2　変数と文字列展開

　JavaScript でももちろん**変数**は利用できます。変数名の最初の文字は、記号や数値以外の文字、アンダーライン、ドル記号（$）でなければなりません。2 文字目以降は、それらに加えて数字も利用できます。他の言語と基本的には同じような変数名をはじめとする識別名を指定することになりますが、$ が使える点がちょっと違う感じがするところです。なお、文字としては、Unicode 文字も利用できることはできますが、使われることはほとんどないでしょう。

　以前の JavaScript だと、変数の定義は var に続いて変数名を記載することでしたが、ES6 からは、初期値から変更されない変数を定義する const、変更可能な変

数を定義する let の 2 種類を使うことになりました。過去との互換性のために var
も使えますが、ES6 以降がターゲットとなると、const ないしは let を使うのが
基本です。もちろん、const で定義した変数への再度の代入は許されず、実行時に
「TypeError: Assignment to constant variable.」というエラーとなり例外が発
生します。var と const/let の細かい違いとしては、メソッドの内部での { } に
よるブロックにおいて、その中のブロックだけのローカル変数ということが可能に
なりました。var だと既に存在する変数の再定義であって事実上無視していたので
すが、ブロックをスコープとして利用できるようになりました。また、変数定義以
前に変数を利用すると、let や const では実行時に例外として発生するようになっ
ています。var は何の警告も出しませんでした。

　バックティック文字（`）で囲む文字列は**テンプレートリテラル**とも呼ばれ、
ES6 で搭載となった機能です。クオートによる文字列との大きな違いは、内部に
${ 変数名 } の形式の記述（「**プレースホルダー**」）があれば、その部分は変数のその
時の値に置き換わることです。以前だと、メッセージに値を含めた文字列を文字列
結合の式を使って記述していたのがリテラルとして記述できるようになりました。
また、テンプレートリテラル内で改行を、実際に改行として記述することができる
ので、複数行の文字列をそのままに記述可能です。プレースホルダーの変数名の部
分は、式でも構いません。そして、式にテンプレートリテラルが使われていても正
しく展開が行われます。さらに文字列展開の処理をプログラムで記述できる**タグ付
きテンプレート**の仕組みもあります

1.3　式と演算子

　JavaScript でも変数やリテラルなどを項として式を組み立てることができます。四則演算はもちろん、論理演算やビット演算など多数の演算子が定義されています。もちろん、式では（　）を使うこともできます。以下に演算子をリストアップしましたが、一部は省略しています。また、全ての詳細は説明できないので、特徴的なことを説明しましょう。

■ JavaScvript の演算子

分野	演算子（計算動作）
式の構築	= （代入）
四則演算	+ （加算）　－ （減算）　* （乗算）　/ （除算）　% （剰余）　++ （1 を加算） -- （1 を減算）
ビット演算	｜ （論理和）　& （論理積）　^ （排他的論理和）　~ （論理否定） << （左シフト）　>> （右シフト）　>>> （符号無視右シフト）
比較演算子	> （より大）　>= （より大か等価）　< （より小） <= （より小か等価）　!= （不等価）　｜｜ （論理和）　&& （論理積） ! （論理否定）　=== （厳密等価）　!== （厳密不等価）
その他	?: （三項演算子）　** （冪乗）　?? （null 合体演算子） typeof （型を示す文字列）　instanceof （インスタンス検査） new （生成）　delete （プロパティ削除）　in （存在確認）
計算して代入	+= 　-= 　*= 　/= 　%= 　&= 　｜= 　^= 　**= 　<<= 　>>= 　>>>=

　JavaScript での変数は型がありません。つまり、1 つの変数はある段階では整数を覚えていて、別の時には文字列を覚えているということができるようになっています。便利な反面、プログラムの間違いが発見しにくい面もあるのですが、まずは型がないというところから理解を進める必要があります。加算の + 演算子は、文字列結合でも利用できるようになっています。この場合、+ の両辺が数値なら数値として計算しますが、一方でも文字列であれば文字列結合を行います。つまり、10 + " 個 " は、10 が文字列 "10" になり結果は "10 個 " という文字列になるということです。よくあるミスには、数値と思っていたら "10" + "20" が "1020" という文字列になってしまったといったことがあります。

　また、割り算の計算結果については、Java のように 3 / 2 の結果は 1 になるのではなく、1.5 になります。もちろん、1.5 の方が日常的な意味での割り算に結果は近いとは言えますが、Java や C での int 型の便利さを知ってしまうと、JavaScript では戸惑う可能性もあるでしょう。計算結果を関数などで処理をする必要がある場合もあります。

1.4　オブジェクト

オブジェクトについての詳細な説明は、Chapter 4 で行います。ここでは、基本的なオブジェクト指向の記述方法についてのみまとめておきます。既に文字列のところで言葉が出てきましたが、オブジェクトには、属性を意味する**プロパティ**と機能を意味する**メソッド**が定義でき、いずれも変数名と同様な規則で付けられた名前で区別します。オブジェクトのリテラルとしては、{ place: " 東京 ", year: 2020} のように、キーと値をコロンで区切り、カンマで区切った形式が使えます。このオブジェクトは、place と year の 2 つのプロパティを持ちます。オブジェクトを参照する変数 obj があったとして、その変数に対して「obj. プロパティ」でプロパティの値の参照や代入ができます。プロパティに値を代入すれば、プロパティが作られると考えて良く、必要な時に突然プロパティを記述できる手軽さがあり、オブジェクト指向プログラミングの定義に沿ったやり方とは違ったオブジェクト指向の世界を作っていると言えるでしょう。また、メソッド呼び出しは「obj. メソッド (引数 ...)」といった記述で引数を指定します。なお、Chapter 2 で説明する無名関数の考え方を用いれば、プロパティに関数を代入したものがメソッドになるとも言えるので、結果的にプロパティもメソッドもオブジェクトが持つ変数という点では大きな違いはないとも言えます。

一般的なオブジェクト指向言語では、クラスを定義して、そこでどんなプロパティやメソッドがあるかを定義して、そのクラスをインスタンス化してオブジェクトとして扱うという流れがあります。しかしながら、JavaScript では ES6 で class キーワードによるクラス定義ができるようになるなど、一般的なオブジェクトの扱いはむしろ最近の機能で、むしろ型にとらわれない一般的な「オブジェクト」に対して、自由にプロパティやメソッドを付け加えるような手法が中心的でした。

1.5　ビルトイン関数

実行システムに最初から組み込まれていて使える関数を**ビルトイン関数**と呼びます。JavaScript にもいくつかの関数はありますが、むしろ、Math クラスの静的メソッドとして定義されたものを利用することが多く、記述としてはメソッド呼び出しになります（オブジェクト指向の詳細は Chapter 4 を参照してください）。Math クラスは自分で生成はできないようになっており、常に「Math. メソッド名」と書くので、合体して関数のようなイメージで使えると思えば良いでしょう。数値に対する関数の代表的なものは、文字列から整数や小数点数を得る parseInt、 parseFloat や、NaN かどうかを判定する isNaN、浮動小数点数を指定した桁で四捨五入する toFix などがあります。

■ Math クラスの静的メソッド

種類	メソッド
最大最小の整数	floor(x)　ceil(x)
四捨五入、切り捨て	round(x)　fround(x)　trunc(x)
最大値、最小値	min(x, ...)　max(x, ...)
0.0 以上 1.0 未満の乱数	random()
平方根、立方根	sqrt(x)　cbrt(x)　hypot(x, ...)
絶対値	abs(x)
正負ゼロの判定	sign(x)
指数、対数関数	pow(x)　exp(x)　expm1(x)　log10(x)　log1p(x)　log2(x)
三角関数と逆関数	sin(x)　cos(x)　tan(x)　asin(x)　acos(x)　atan(x)　atan2(x)　※単位はラジアン
双曲線三角関数と逆関数	sinh(x)　cosh(x)　tanh(x)　asinh(x)　acosh(x)　atanh(x)

1.6　日付や時刻のデータを扱う

　日付や時刻は Date クラスのオブジェクトとして利用できます。このオブジェクトは内部的には日時を 1970 年 1 月 1 日 0 時 0 分 0 秒（エポック）からの経過したミリ秒数で管理していると考えれば良いでしょう。オブジェクトを new Date() のように引数なしで生成すると、今現在の日時がセットされた状態になります。また、引数には日時を示す文字列として「2020-08-04T10:00:00」「2020/8/4」などの文字列や、年月日および時分秒をそれぞれ整数値の引数として 3 つあるいは 6 つ与えて生成することもできます。このクラスは多数のメソッドが定義されていますが主要なものを表にまとめました。UTC がつくものが、時刻を UTC として扱うもので、それ以外は時刻を地方時として扱います。年月日時分秒については、通常の数値を扱いますが、月については実際よりも 1 を引いた 0～11 の数値で扱います。曜日は 1 が日曜日で、1～7 の値が得られます。2 桁で年を扱う getYear などのメソッドもありますが、省略しました。

■ Date クラスのメソッド

分類	上段：取得メソッド　下段：設定メソッド
4 桁の年	getFullYear()　getUTCFullYear() setFullYear()　setUTCFullYear()
月	getMonth()　getUTCMonth() setMonth()　setUTCMonth()
日	getDate()　getUTCDate() setDate()　setUTCDate()
曜日	getDay()　getUTCDay() （設定メソッドはない）
時	getHours()　getUTCHours() setHours()　setUTCHours()
分	getMinutes()　getUTCMinutes() setMinutes()　setUTCMinutes()
秒	getSeconds()　getUTCSeconds() setSeconds()　setUTCSeconds()
ミリ秒	getMilliseconds()　getUTCMilliseconds() setMilliseconds()　setUTCMilliseconds()
経過秒数	getTime() setTime()　※エポックからの経過で UTC
時間帯のオフセット	getTimezoneOffset()　※単位は分 （設定メソッドはない）
文字列への変換	toDateString()　toISOString()　toJSON() toLocaleDateString()　toLocaleFormat() toLocaleString()　toLocaleTimeString()　toString() toTimeString()　toUTCString()

1.7　コンソール

　標準出力などの OS の機能は、多くのプログラミング言語は比較的簡単に利用できるため、簡単なプログラムの結果を表示したり、デバッグの時の変数などの値を表示することなどに利用されます。JavaScript の場合は、実行環境がブラウザーやあるいは Chapter 9 で紹介する Node.js など多岐にわたることになりますが、多くの場合は**コンソール**出力を利用して、簡単にテキストを出力できます。JavaScript では、プログラム中では、console で参照されるオブジェクトが仮想的なコンソールに相当し、console.log や console.error といったメソッドで、引数の内容を出力できます。引数はカンマで区切って複数指定することもでき、その場合は、カンマで区切った箇所は半角のスペースが確保されます。コンソールの利用方法は、配布している問題ファイルをご覧ください。

1.8 本章のプログラムの実行方法

この章のプログラムは、全て JavaScript の世界で完結しており、`console.log` での出力があるのみです。プログラムを .js ファイルに作成し、Node.js を利用して「node Q1-01.js」といったようにコマンド入力して実行するのが 1 つの方法です。もしくは、配布している問題ファイルをご利用ください。

問 1-1（No.01）　プログラム以外のものを記述する
★ JavaScript

　プログラムの中に、プログラム以外のものを記述する手法を「コメント」と呼び、プログラムの解説を行うドキュメントなどを記述することがある。以下のプログラムの最初の行は、その行の数値の説明が入っているが、説明文は JavaScript としてはエラーになりそうなのでコメントにする。また、console.log メソッドにより変数値を出力している部分は通常は必要ないものの、後々デバッグで必要になりそうなので消さずに残したいので、その部分をコメントにしたい。空欄を埋めよ。

```
var rate = 106.38    ①      日によって変わる
var price = 2_500_000
var cPrice = rate * price
  ②
console.log(rate)
console.log(price)
console.log(cPrice)
  ③
```

問 1-2（No.02）　変数の定義と利用
★ JavaScript

　次のプログラムは変数に値を代入し、計算結果を得てコンソールに出力する簡単なものである。空欄を埋めること。ただし、空欄には「var」を使ってはいけない。また、全ての空欄について、異なる文言でなくてはならない。

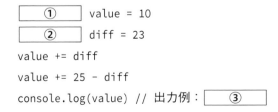

```
  ①      value = 10
  ②      diff = 23
value += diff
value += 25 - diff
console.log(value) // 出力例：   ③
```

解答 1-1

① //

② /*

③ */

　行内で終了するコメントには //、複数行に渡るようなコメントには、/* ... */ のような記述が使われます。もちろん、後者は、行内の一部分だけをコメントするなど汎用的に利用できます。なお、/* の直前、*/ の直後以降はプログラムの一部と解釈されて、同じ行でも実行する箇所になります。そのような記述はちょっとみづらくなるので、/* ... */ で囲む範囲はコメントだけの行になっている方が見間違えはしにくいでしょう。

　コメントは、文字通り、その部分の説明を記述するためのもので、プログラム実行時には無視されます。そのことを利用すると、作ったプログラムだけど実行しなくてもいい、だけどせっかく書いたので残しておきたいといったような箇所をコメントにしておくという使い方にも発展できます。

解答 1-2

① let

② const

③ 35

　変数を定義するには、以前は var を使っていましたが、変更可能な変数を定義する let と、初期値から変更できない変数を定義する const の 2 種類が ES6 より利用できるようになりました。let だけ、あるいは var だけを使えばプログラムは書けるとは言え、元々変更しない予定の変数を const で定義すれば、プログラム途中で代入しようとした箇所があるとプログラム自体が動かなくなります。文法の解釈の段階で、「変更しない」ということが保証されるとも言えるので、変えてはいけない値を間違えて変えてしまう心配はなくなります。また、const で定義された変数の値が変化しないというルールを意識すれば、プログラムがより読みやすくなることもあるので、より良いプログラムを作るための指針として可能な限りは const を使うという方針もあり得ます。なお、var は同じ変数を同一スコープ内で何度定義しても動作していましたが、let や const は 2 回以上の定義はエラーになります。変数を何度も定義するのは結果的に動いたとしても、間違いの元になるので、そうした記述を排除することを狙った let や const が ES6 で登場しているのです。

問 1-3（No.03）　基数を変換して 10 進数以外を扱う
★ JavaScript

JavaScript では、数値のリテラルとして、16 進数、8 進数、2 進数を記述できるが、一方、それらの基数で表現された文字列から数値に変換することもできる。また、数値を別の基数の数値に変換する機能もある。以下のプログラムの空欄を埋めよ。

```
const b = "110010"
const dec =    ①    (b, 2)
console.log("2進数の値", b, "について")
  // 出力例：2進数の値 110010 について
console.log("10進数では", dec)
  // 出力例：10進数では 50
console.log("8進数では",    ②   (   ③   ))
  // 出力例：8進数では 62
console.log("16進数では",    ②   (   ④   ))
  // 出力例：16進数では 32
```

問 1-4（No.04）　上限と下限が設定されている場合
★ JavaScript

以下のプログラムを実行した後、変数 num の値が 10 以下だと常に 10、90 以上だと常に 90 となり、それ以外の場合はその数自体が変数 num に代入されている状態になるものとする。空欄を埋めよ。

```
let num = 13
num =    ①    (num, 10)
num =    ②    (num, 90)
```

解答 1-3

① parseInt
② dec.toString
③ 8
④ 16

　数値をダブルクオートで囲わずにプログラム内に記述すれば 10 進数として解釈されたリテラルとして扱われます。また、16 進数は 0X あるいは 0x で始めて 0~9 の数値と小文字も含む A~F のアルファベットを各桁として記述することでリテラルとして記述できます。同様に、0o で始めると 8 進数、0b で始めると 2 進数のリテラルが記述できます。つまり、11、0x0b、0o13、0b1011 のいずれも、整数値の11 を示します。

　一方、文字列で記述された数字や文字を、特定の基数であるとして解釈して数値として得るには、parseInt 関数を使います。2 つ目の引数が基数を示しますが、2 つ目の引数を省略すると 10 進数とみなします。数値を特定の基数による表記に変換するには、toString メソッドを利用します。引数に基数を整数値で指定します。

解答 1-4

① Math.max
② Math.min

　この問題の一般的な解法は、if による条件文を利用することでしょう。ですが、ここでは if らしきものがプログラムには登場しません。ここでまず、「値が 10 以下だと常に 10」という部分に注目します。つまり、結果として 10 より小さい数は存在しないことになります。値が 25 や 383 の場合、10 以上なので「その数自体」が結果として欲しい数値です。値が 4 や -23 だったら 10 より小さいので結果として 10 が欲しいわけです。この 2 つの場合は、いずれも大きい方の数値を採用するという点では共通なので、値と 10 の大きい方を採用することで、「値が 10 以下だと常に 10／それ以外の場合はその数自体」という結果が得られます。最大値は、Math.max を利用することで簡単に得られます。

　「90 以上だと常に 90／それ以外の場合はその数自体」は、ここまでの議論と逆の結果になり、その数と 90 の小さい方の数値で得られます。つまり、Math.min を利用します。これらを合成したプログラムでは Math.max と Math.min の両方を経由しているので、「10 以下だと…」「90 以上だと…」の 2 つの条件を両方とも満たしていることになります。

問 1-5（No.05） 桁数の大きな整数の計算

★★★
JavaScript

　以下のプログラムの冒頭にある Number.MAX_SAFE_INTEGER は、Number クラスつまり整数で扱える最大の数値を出力するものである。その後の変数 a は、Number.MAX_SAFE_INTEGER よりも 2 桁上の値を指定した。その値に 1 を加えてみると、出力例にあるように、1 は加えられていない。つまり、Number で扱える数値を超えているので、正確な計算ができていないことを示す。しかしながら、プログラムの後半を見ると、変数 a と同じような値が変数 c に代入され、その値に 1 を加えた結果を出力しているが、正しく 1 が加わっている。空欄の部分に何かを記載することで以下のような動作が可能になるので、空欄を記載せよ。

```
console.log(Number.MAX_SAFE_INTEGER) // 出力例：9007199254740991
const a = 100000000000000000
const b = 1
console.log(a + b)                    // 出力例：100000000000000000
const c = 100000000000000000 ①
const d = 1 ①
console.log(c + d) // 出力例：100000000000000001 ①
```

■ JavaScript ミニ知識　JavaScript での整数の計算

　この問題では、変数 a と b が大きくかけ離れた数字であることから、加算結果に間違いが発生しています。もし、変数 b の値も a と同じ 100000000000000000 であれば、a + b の結果は 200000000000000000 となって一見すると計算が正しく行われているかのように見えます。これは、a, b 2 つの数字が整数の計算ができる桁数を超えており本来はうまく計算できないのですが、浮動小数点数 1e17 とされ、同じ値を加算した結果 2e17 となり、さらに指数表示ではない、0 が並ぶ形式に展開されたと考えられます。

解答
1-5　① n

　任意の桁数の整数計算を可能にする **BigInt** は、ECMAScript-2021 の規格であ
り、Firefox が 2018 年、Chrome が 2019 年、Safari や Edge は 2020 年になっ
てサポートを始めた比較的新しい機能です。BigInt のリテラルを記述する場合は、
数値の後に「n」を追加します。そうすると、従来の整数計算では計算できなかった
ような計算処理が可能になります。加算だけでなく、様々な演算子が BigInt での
計算に対応しています。なお、n のついた BigInt とそうでない Number を計算しよ
うとすると、「TypeError: Cannot mix BigInt and other types, use explicit
conversions」というエラーが発生し、BigInt での計算をする場合は常に BigInt
だけを使うようにというメッセージが得られます。

■ JavaScript ミニ知識　BigInt はどんな用途に使う？

　ところで BigInt のような大きな数値の計算が本当に必要でしょうか？ 整数の計
算が正確にできる限界は、Number.MAX_SAFE_INTEGER にある通りですが、この値
は 9000 兆です。大昔だと、整数の限界を示すのに「さすがに国家予算は扱えませ
ん」などと言っていましたが、9000 兆まで OK ならば、日本では特別会計を入れ
て 300 兆の規模ですから、普通の整数で十分に国家予算が扱えます。それを超え
る BigInt の使い道で 1 つ考えられるのは、デジタル署名などで使われる非対称鍵
を用いる RSA 暗号の計算です。執筆時点では RSA の暗号化や復号の処理を行う
ライブラリは存在しますが、JavaScript の整数では桁数が足りず、多桁の計算の
ためにかなり複雑な処理を組み込んでいます。こうした処理が今後ビルトインの
BigInt で置き換わってより高速かつ小さなモジュールで計算ができるようになる
ことが期待できます。

問 1-6（No.06）　指定された小数点以下の桁で四捨五入

　以下のプログラムは、変数 num の値を、小数点以下 digit 桁目までで四捨五入して変数 num に再度代入している。JavaScript の四捨五入のメソッドでは小数点以下の桁数を指定できないので、いくつかの式を経由して四捨五入した値を求めている。空欄を埋めよ。

```
const digit = 2
let num = 1234.8765
const multi =    ①    (10, digit)
num =    ②    (    ③    ) / multi
```

問 1-7（No.07）　変換結果が元に戻る

　次のプログラムは、変数 num に対して変数 key の値をあるビット演算子で適用した結果、変数 converted の結果を得た。その後、さらに変数 converted の結果を同じビット演算子で、同じ変数 key を適用した結果として、変数 reconverted が得られている。つまり、converted および reconverted を得るために同じ計算をしている。結果を見ると num と converted は異なるが、num と reconverted は同一の値になっている。ビット演算子を空欄に埋めてプログラムを完成させよ。

```
const num = 23386774
const key = 38448833
const converted = num    ①    key
const reconverted = converted    ①    key
console.log(num === converted)    // 出力例：false
console.log(num === reconverted) // 出力例：true
```

解答 1-6

① `Math.pow`

② `Math.round`

③ `num * multi` または、`multi * num`

　四捨五入を行うメソッドの `Math.round` は、小数点以下の部分の四捨五入しかできません。toFix メソッドを使うことも考えられますが、解答欄にはうまくマッチしません。そこで、小数点以下 2 桁目までで四捨五入をするために、値に 100 を掛けて `Math.round` で四捨五入します。100 倍していれば、小数点以下 3 桁目が 1 桁目に移動しているはずです。そして、その結果を 100 で割ることで、小数点以下 2 桁目までで四捨五入した値が求められます。小数点以下 3 桁までなら 1000 を掛けて四捨五入して 1000 で割る、4 桁なら 10000 のように、桁数だけ 0 が並んだ切りのいい数字が得られれば計算できることになります。ここで、この数字は 10 の桁数乗の値になるので、その値は、`Math.pow` メソッドを使って求めることができます。

解答 1-7

① `^`

　同じ計算を 2 回行うと元に戻るとなると、**排他的論理和**（XOR）となります。そのための演算子は JavaScript では `^` となり、変数のビットごとの XOR を求めます。2 つの 2 進数の XOR は各桁について、同じ値なら 0、違う値なら 1 になるという演算子です。ここでの num の値を簡単のために、1100 とします。そして key の値を 1010 とします。1100 ^ 1010 の結果は、0110 となります。そして、また同じ値を XOR で適用すると、0110 ^ 1010 = 1100 となって元の num に戻ります。コンピューターによる通信が確立するより前の 1919 年に、当時の AT&T のバーナム氏はこの手法を応用した「バーナム暗号」の特許を取得しています。なお、現在使われている暗号化の処理は、単に共通鍵の XOR を求めるだけのような手法ではなく、複雑な手順を経て暗号化や復号を行っています。

問 1-8（No.08）　割り算の商と剰余を求める

★★★
JavaScript

２つの数値から割り算を行い、商と剰余を求めるプログラムがある。割られる数は、文字列を整数に変換して、数値にしてから計算を行っている。以下のプログラムの空欄を埋めよ。空欄の④と⑤は出力の一部を解答する。なお、負の数に変数の値を変えても正しく出力されるようにすること。剰余を変数 remainder に代入していて、その値は console.log で出力しており、割る数が 3 の場合も -3 の場合も 1 になっている。その演算子の結果が「正しい」と仮定する。

```
let quotient, remainder
const dividend = parseInt("100.9")
let divisor = 3

quotient = Math.    ①    (dividend    ②    divisor)
remainder = dividend    ③    divisor
console.log(quotient, remainder) // 出力結果：    ④    1


divisor = -3

quotient = Math.    ①    (dividend    ②    divisor)
remainder = dividend    ③    divisor
console.log(quotient, remainder) // 出力結果：    ⑤    1
```

解答 1-8

① trunc
② /
③ %
④ 33
⑤ -33

　まず、割り算について復習しましょう。JavaScript は変数には型がないこともあり、整数同士の割り算の場合、小数点以下も求めるので、10 / 3 の結果は 3.333333... になります。剰余を求める % 演算子はありますが、商を求める演算子はありません。そこで、割り算の結果から整数部分だけを取り出す必要が生じます。しかしながら、他の言語にあるような int 関数はありません。ここでよく使われるのは、Math.floor メソッドで、これによりその数を超えない最大の整数が得られます。もし、変数 dividend が負の数であればどうでしょう？ここで、次のような式が成り立っています。これは割り算の定義です。

割られる数 ＝ 割る数 × 商 ＋ 剰余

　JavaScript では、100 % -3 の結果は、1 になります。これが正しいかどうかの問題はありますが、ここではこちらを正しいと問題で定義しました。すると、上記の式より 100 ÷ -3 の商は -33 になります。もし、Math.floor を使っていれば結果は -34 になるので、定義を満たさなくなります。% 演算子の結果が正しいと決められているので、①は単に切り捨てを行う Math.trunc を使う必要があります。

　最初に parseInt 関数があり、小数点のある数値から整数値を得ています。parseInt 関数は変換対象の文字列にピリオドがあれば、それ以降は無視するので、変数 dividend に代入されるのは 100 という数値になります。

問 1-9（No.09）　日付をプログラムの中で扱う

★
JavaScript

　以下のプログラムは、本日の日付よりも変数 weeks だけ前後の週の日付を求めて年月日の書式で出力するものである。ただし、現在の時刻が地方時間で 18 時以後は、さらに 1 日増加させるものとする。プログラム内の空欄を埋めよ。

```javascript
const weeks = 5
const dt = new Date()
console.log(dt) // 出力例：2020-07-25T05:12:15.223Z

let d = dt.    ①    ()
d += weeks * 7
if(dt.   ②   () >= 18) {
  d += 1
}
dt.    ③    (d)

const y = dt.    ④    ()
const m = dt.    ⑤    ()
d = dt.    ①    ()

console.log(`${y}年${    ⑥    }月${d}日`)
              // 出力例：2020年8月29日
```

① getDate

② getHours

③ setDate

④ getFullYear

⑤ getMonth

⑥ m + 1

　JavaScript で日付や時刻を利用する場合、Date クラスが利用されます。new を利用して Date クラスの引数のないコンストラクタを利用すると、現在の日時を記録した Date オブジェクトが生成されます。ここでは使用していませんが、new Date(年 , 月 , 日) など、コンストラクタの引数は色々なパターンを指定することができます。この Date オブジェクトで年月日時分秒といった日時を記録するためのデータが保持されます。

　日時を記録したオブジェクトに、年を省略しない getFullYear メソッドを利用すると、4 桁年の数値が得られます。getYear というメソッドもありますが、1900 年からの年数で示す数値であり、1980 年であれば 80 が得られます。月は getMonth で数値で得られますが、月だけは実際の月から 1 だけ引いた数値が得られます。変数展開を行う中で月の数字は getMonth から得られた数値に 1 を加えて実際の月の数字に変換し文字列内に展開します。日は getDate、時は getHours メソッドを利用します。getHours はブラウザーで稼働する場合は、そのブラウザーあるいは OS で決められる時間帯に応じた数値を返します。なお、UTC に基づく値を返すようなメソッドも Date クラスでは定義されています。

　一方、setDate などで日を指定できます。例えば 3 月 31 日を記憶している Date オブジェクトに対して、setDate メソッドで 32 という日を指定すると、内部では 4 月 1 日のように認識します。つまり、オーバーフローやアンダーフローは数値に合わせて次の月になるなど期待した結果になります。1 週間は現在の日付に 7 を加えますが、ローカル時間が 18 時を過ぎるとさらに 1 を加えて、それを setDate で日に設定します。これで、月や年を超える場合があっても、カレンダーに存在する年月日の数値を返すようになります。

問 1-10 (No.10)　文字列からの数値変換

　プログラムでは 2 つの変数に数字を含む文字列を代入し、その結果を元に計算を行い、コンソールに出力している。最初の出力結果は NaN となってエラーになっているが、それ以外の出力結果を空欄に答えよ。なお、長い数値になる場合は、小数点以下 2 桁程度で良い。

```javascript
const num = '100_000'
const z = '45'
console.log(num / z)            // 出力例：NaN
console.log(parseInt(num) / z) // 出力例： ①
console.log(num / parseInt(z)) // 出力例： ②
console.log(parseInt(num) / parseInt(z))
                      // 出力例： ③
```

問 1-11 (No.11)　false と判定するデータ

　次のようなプログラムがあり、三項演算子の結果が console.log で出力される。3 つの項の 2 つ目と 3 つ目は全ての行で同一である。全ての行について、どのように出力されるかを空欄に記述せよ。

```javascript
console.log("Sky!"  ? "value" : "FALSY!")  // 出力例： ①
console.log("" ? "value" : "FALSY!")       // 出力例： ②
console.log(15 ? "value" : "FALSY!")       // 出力例： ③
console.log(0 ? "value" : "FALSY!")        // 出力例： ④
console.log(-1 ? "value" : "FALSY!")       // 出力例： ⑤
console.log(0.1 ? "value" : "FALSY!")      // 出力例： ⑥
console.log(0.0 ? "value" : "FALSY!")      // 出力例： ⑦
console.log(null ? "value" : "FALSY!")     // 出力例： ⑧
```

解答 1-10

① 2.22

② NaN

③ 2.22

　整数の桁数の多い数値リテラルを記述する場合、100_000 のように、アンダーラインを区切りとして記述して、桁を見やすくできます。しかしながら、その値を parseInt 関数で変換すると、アンダーラインは数値の一部とはみなされず、そこまでに数値があれば変換をします。したがって、変数 num に parseInt を適用した値は 100000 ではなく、100 になります。

　ここで、num と z を両方とも parseInt 関数を利用した値で割り算を行うと、100 と 45 の数値計算となり、2.22.... のような数値として計算結果が得られます。一方、num と z をそのまま計算すると文字列の割り算となり、NaN が返ってきます。num と z の一方を parseInt で変換した場合、parseInt(num) / z の結果は数値として 2.22.... が得られているのに対し、num / parseInt(z) は NaN となりエラーになります。これは、num に数値に変換できない文字列が含まれているからで、自動的な数値化は単に数値化しているだけではないので注意が必要な場合があります。

解答 1-11

① value

② FALSY!

③ value

④ FALSY!

⑤ value

⑥ value

⑦ FALSY!

⑧ FALSY!

　if の条件や、三項演算子の最初の項など、論理型の値が必要な箇所に論理型でない値が登場した場合、いくつかの値を false、そうでない値を true とみなすという考え方が JavaScript にはあります。false として扱われる値を「falsy」、true として扱われる値を「truthy」などと呼びます。falsy な値は、false そのものに加えて、null、undefined、NaN のようなある意味では「何もありません」的な特殊な値に加えて、0 や長さが 0 の文字列 ("") も含まれます。

問 1-12（No.12）　論理演算の結果

　次のプログラムは、if 文の条件に指定するような条件式の値を出力するものである。複合条件で判定したい場合などに、論理値同士の演算を行う && や || を利用して、条件を組み立てる。その結果はやはり論理値と考えてもほとんどの場合は支障はないが、実際の言語上の動作はもう少し複雑である。ここで、falsy や truthy の概念が理解できているという前提で、&& や || の結果を解釈する。空欄となっている出力例を埋めよ。

```
console.log(false && false)       // 出力例：false
console.log(false && true)        // 出力例：false
console.log(true && true)         // 出力例：true
console.log(false || false)       // 出力例：false
console.log(true || false)        // 出力例：true
console.log(true || true)         // 出力例：true
console.log(true && 100)          // 出力例：  ①
console.log(100 && false)         // 出力例：  ②
console.log(0 && true)            // 出力例：  ③
console.log(false || 100)         // 出力例：  ④
console.log(100 || true)          // 出力例：  ⑤
console.log(0 || true)            // 出力例：  ⑥
let c = 0
console.log(false && (c = 200))   // 出力例：  ⑦
console.log(c)                    // 出力例：  ⑧
```

**解答
1-12**

① 100

② false

③ 0

④ 100

⑤ 100

⑥ true

⑦ false

⑧ 0

&& 演算子は、項がいくつあっても「全部が truthy でない限りは結果は false」となる計算と解釈できます。そのため、項を 1 つひとつ調べて、falsy な項が 1 つでもあれば、それ以降の項についてはチェックしなくても結果は false で確定します。そして、「最後に調べた項の値」を返します。結果を true あるいは false で返すのではありません。途中に falsy な値があれば、その値を返します。全ての項が truthy であれば、最後の項の値を返します。よって、①では最後の 100 が返り、②では最後が false なのでその値を返し、③では最初の項が 0 で falsy なので 0 を返すことになります。

|| 演算子も同様な動作をします。つまり、項がいくつあっても「1 つでも truthy なものがあれば結果は true」になります。つまり、順番に項を調べて途中で truthy なものがあれば、それ以降はチェックする必要がありません。そして、最後にチェックした値を返します。④は最初の truthy な項は 100 なので 100 を返します。⑤は最初の項が truthy なのでそのままその値を返します。⑥は 2 つ目の項が最初の truthy な値なのでその値 true を返します。

以上のように、&& や || 演算子は状況によっては全ての項を求めることは保証されていません。そこで問題になるのが、⑦のように、項自体が何かの処理を引き起こす場合です。この場合は代入になりますが、他に関数やメソッド呼び出しがある場合も同様です。⑦は最初の項が false なので、&& 演算子はそこで計算をやめてしまって c = 200 という処理は行いません。そのため、変数 c には 200 は代入されず、初期値のまま 0 になります。

問 1-13（No.13） 数値のエラーや特殊な値との比較 ★ JavaScript

　次のプログラムは、if 文の条件に指定するような条件式の値を出力するものである。JavaScript では、null、NaN、undefined という、ある意味では「何もない」、また別の意味では「エラー」を示すような特殊なリテラルやグローバルの存在を無視することができない。原則としてこれら 3 つはいずれも falsy なので、単に変数を条件に組み入れるだけで済ませるようにプログラムを組むのがもっともシンプルではあるが、稀に、これら 3 つの値を区別したい場合がある。そのために、これらの値の扱いを理解しておきたい。どのような出力になるのかを空欄に解答せよ。

```
let a = parseInt('string')
console.log(a == NaN)          // 出力例：  ①
console.log(a === NaN)         // 出力例：  ②
console.log(isNaN(a))          // 出力例：  ③
console.log(typeof undefined)  // 出力例：  ④
console.log(null === null)     // 出力例：  ⑤
console.log(null === undefined) // 出力例：  ⑥
console.log(null !== undefined) // 出力例：  ⑦
console.log(null  == undefined) // 出力例：  ⑧
```

解答 1-13

① false
② false
③ true
④ undefined
⑤ true
⑥ false
⑦ true
⑧ true

　プログラムの最初で、parseInt 関数の引数に文字列を与えているので、その結果は NaN となって、a の値は NaN になります。①から③は、NaN かどうかの判定をしている部分で、明らかに isNaN 関数を使わないと、NaN かどうかの判断はできないということです。== や === と比較をしても、NaN は必ず false を返します。プログラムのように、NaN === NaN でさえも false になるので、isNaN 関数を使うしか手はありません。

　undefined についてはグローバル変数で定義されていて消えないものというのが JavaScript 上での決まりごとになっています。よって、=== や == との比較で undefined かどうかは判定できなくもないですが、たまたま undefined の値を代入した変数があるとしたら、その変数と undefined の === や == は true となってしまいます。JavaScript の動作上の理由で undefined になったのか、それとも偶発的に undefined と同じ値になったのかは判断付きません。そこで、確実な方法として、typeof 演算子を利用します。④のように、typeof undefined は文字列で "undefined" となり、この結果を返すのは undefined だけなので、この方法で判定を行います。

　null との判定については、⑤から⑧で示すように、=== null で判定をします。== null だと左辺は falsy なものであれば true になってしまうことから undefined か null かの判定はできないので、3 文字の演算子を使って判定をします。また、null ではないという判定では、!= ではなく、!== を利用します。

問 1-14（No.14）　グラフを読み取る

★
JavaScript

　A から G は接点であり、いくつかの接点は枝で接続されている。各枝には値が割り当てられている。例えば、A と B は鉄道の駅で、その間の運賃が 300 円といったような類推でグラフを読み取れば良い。ここで、あるグループは A から G に移動することになった。その時、経由する接点に応じて枝に割り当てられている数値が合計されるとする。A から G に移動する場合に合計の値が一番小さくなる経路（最小経路）を求めたい。グループの中でなんでもすぐに決めてしまうスコット君は即座に、「最短距離を移動すれば、最小径路になるに決まっている。ABEG か ACFG だね。最初の数値を見たら、これは ACFG に決まりだね」と言ったが、一方慎重なワトソン君は「BE よりも、BDE の経路の方が数値が小さいよ。必ずしも最短距離が最小距離とは限らないのじゃないの？」と言い、少しの後「やっぱりスコット君のルートは最小径路にならないね」と自信満々に以下のプログラムを書いてグループの皆を納得させた。空欄を埋めよ。

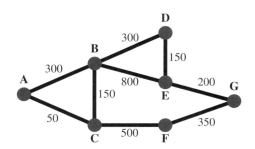

```javascript
const r1 = 300 + 300 + 150 + 200 // ABDEG
const r2 =         ①              // ABEG
const r3 =         ②              // ACBDEG
const r4 =         ③              // ACBEG
const r5 =         ④              // ACFG
const r6 = 300 + 150 + 500 + 350 // ABCFG
const lowest = Math.min(r1, r2, r3, r4, r5, r6)
console.log(r1, r2, r3, r4, r5, r6)
    // 出力例：950 1300 850 1200 900 1300
console.log("Minimum is", lowest)   // 出力例：Minimum is 850
```

解答 1-14
① 300 ＋ 800 ＋ 200
② 50 ＋ 150 ＋ 300 ＋ 150 ＋ 200
③ 50 ＋ 150 ＋ 800 ＋ 200
④ 50 ＋ 500 ＋ 350

　A から G の各接点（ノード）があり、いくつかの接点は枝（エッジ）で接続されている。電車の経路や道路、さらにはオブジェクト間の関係などを抽象的に表現する場合によく利用されるのがこの種のグラフと呼ばれる表記法である。最小値の経路を自動的に探索するプログラムはかなり難しそうですが、この問題は、経路は6通りしかないので、それぞれ計算をして結果を求めようという方法であり、基本はグラフの読み取りと加算を正しく記述できるかどうかを問う問題です。したがって、それほど難しくはありません。なお、①は 300、800、200 がどんな順序で並んでいても結果は同様になりますが、経路として ABEG が指定されているのであれば、プログラムとしては解答のように、経路と同一の順序で枝に定義された数値を記述するのが素直な方法です。

■ **JavaScript ミニ知識　&& や || 演算子で条件式を作る時の注意**

　問 1-12 では、&& や || 演算子を論理値以外に適用した結果を参照しました。この結果は一見すると複雑怪奇と思われるかもしれませんが、多くの場合はほとんど気にしなくてもいいようにプログラムを作ります。言い換えれば、値が true か false 以外の結果を気にする必要がないようにプログラムを組む必要があります。そのためには、少なくとも⑦のような式の中で何かの処理を行っている場合に、それが行われるか行われないかをきちんと考慮してプログラムを作成する必要があるということです。もっと安直に言えば、代入や関数呼び出しなどは、条件式に入れないで、条件式では変数と定数だけで構成するようにするのが、現実には間違いにくく、後からも読みやすく誤解しにくいプログラムであると言えるでしょう。

問 1-15（No.15）　三角関数を使った面積の計算　★★ JavaScript

　左の図のように、長方形内部に 2 本の直線が引かれているとする。左下の頂点で直線と交差している。この時、a、b、c、d、θ が分かっている時にグレーで塗り潰した部分の面積を求めるプログラムを以下のように記述した。空欄を埋めよ。右の図はプログラムを作成するにあたって検討した内容を示す図で、点 O と u を結ぶ直線 p と、点 v と w を結ぶ直線 q を考え、その交点 (x, y) を求めることを示している。

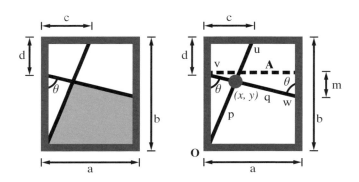

```javascript
const a = 10, b = 8, c = 5, d = 3 // 単位はcmとする
let theta = 60                    // 単位は度とする
theta = | ① |                    // ラジアン単位に変換しておく
const m = a / | ② |(theta)       // mの値を求める
const gradientP = | ③ |          // 直線pの傾き
const gradientQ = | ④ |          // 直線qの傾き
const interceptP = 0              // 直線pのy切片
const interceptQ = | ⑤ |         // 直線qのy切片
const crossX = - (interceptQ - interceptP)
              / (gradientQ - gradientP)  // 交点のx座標
const crossY = gradientP * crossX + interceptP // 交点のy座標
const areaLeft = | ⑥ |           // 交点より左側の面積
const areaRight = | ⑦ |          // 交点より右側の面積
const totalArea = areaLeft + areaRight     // 総面積
console.log(totalArea)            // 出力例：8.717455723607557
```

解答
1-15

① (theta / 180) * Math.PI

② Math.tan

③ b / c

④ - a / m

⑤ b - d

⑥ crossX * crossY / 2

⑦ (crossY + (b - m - d)) * (a - crossX) / 2

　プログラムのコメントに従ってプログラムを作成すればそれほど困難な問題ではないと思われますが、空間座標系上での思考ができることや、三角関数などの意味を知っておかないといけないのはもちろんです。なお、解答例と微妙に違っていても、同一の結果を出すものであれば正解です。

　問題では簡単なヒントを記述しましたが、補足します。直線 q は平行線に引いた直線なので、点 v の錯角に相当する点 w の角度も θ となります。また、左右の辺と直交する補助線 A を点 v から引くことで m の長さを求めることができます。これらの値から、左下の O を原点とした直線 p と q の式を求めて、その交点を求めることができます。そして、交点から下に垂線を引き、その左側は直角三角形、右側は 90 度回転した台形として面積を求めて合計しています。

　まず、補助線 A の下にできた直角三角形に注目します。直角に接する辺の長さは m と a であり、a / m ＝ tan θ になることから、m を求める式を得て、ほかは数値として得られているのでそれらを代入して②のように m を計算します。なお、三角関数は Math.tan メソッドで計算できますが、引数はラジアンの単位で指定しなければなりません。そこで、変数 theta の値を①のようにあらかじめラジアンに変換しますが、円周率は Math.PI プロパティで得られます。

　続いて、直線 p と q の傾きおよび y 切片を、③から⑤で求めています。いずれも、座標から読み取れる値を利用した式なので、難しいものではないでしょう。その後、変数 crossX と crossY で、直線 p と q の交点の座標を求めています。ここは、2 つの直線の式から交点を求めるのは公式通りなので、問題のプログラム内に式は記述しました。そして、⑥で交点より左側の直角三角形の面積を求め、⑦で交点より右側の台形の面積を求めています。台形は一般的な方向から 90° 傾いていると言えるので、左右の高さが「上底」と「下底」に相当し、幅が「高さ」に相当するので、それらを求めて公式に当てはめれば解答の式が得られるはずです。

関数と制御フロー

　JavaScript での実行制御の方法を説明します。具体的には関数や、繰り返し、条件分岐の記述方法になります。

2.1　関数と無名関数

　JavaScript では、複数のステートメントを { } で囲ってまとめて、**ブロック**を記述することができます。このブロックがローカル変数のスコープ範囲になりますが、以前のバージョンの JavaScript ではスコープとブロックが対応付かない場合もあったので、注意が必要です。そのステートメントの塊であるブロックを別のところから呼び出せるようにしたものが**関数**です。別のところから呼び出すことができるように、名前を付け、渡される引数のリストを記述し、それにブロックを続けます。以下は簡単な定義の例で、関数名の funcName は自分で付け、引数は変数名だけを記述します。他のプログラムからは「funcName(10, 8)」のように関数名と続く括弧に値を記述することで、引数を var1 や var2 に渡し、関数内のステートメントを実行します。関数内に return で返り値がある場合は、funcName(10, 8) が式の項として利用できます。返り値がない場合、return のみの記述で関数の途中で関数内の処理を終了できます。

```
function funcName(var1, var2) {
  ステートメント
  ...
  return "Finish!"
}
```

　JavaScript では、引数の数が定義と呼び出しで違っていても、特にエラーは出ません。指定していない変数は通常は undefined という値になります。ただし、関数定義の際に、「(var1 = -1, var2 = -1)」のように引数に値を代入しておくと、関数呼び出し時に引数が省略された場合、それぞれ代入された値（ここでは「-1」が設定されます（**デフォルト引数**）。さらに、最後の引数を「...var2」のように記述することで、残りの引数（この例では 2 個目以降）が全て配列として var2 に設定されます。この手法を**残余引数**と呼びます。得られた値に対する対処は必要ではありますが、可変引数の関数も定義できます。

　関数名を省略して関数を定義した**無名関数**も以下のコードのように利用できますが、単に定義するのではなく、関数そのものを変数に代入する形になります。変数には、関数そのものが記録され、「変数名 (...)」のように記述することで、関数の処理が呼び出されます。function キーワードを使った方法だけでなく、次のように、=> を使った記述（**アロー関数**）もあります。関数の引数に無名関数を渡すような処理は、例えば、通信後に実行したい処理を引き渡すような場合には非常に便利です。

```
const f1 = function(var1, var2)     const f1 = (var1, var2) => {
{                                      ...
  ...                                }
}
```

　無名関数を利用すると、関数が関数を返すことができるようになります。この時、関数とその実行環境をセットで利用できる状態になり、これを**クロージャー**と呼びます。実行環境は様々な状況を総称したもので、例としては関数を実行した時の変数の値があります。具体的にはクロージャーにより、値とプログラムを 1 つの変数に閉じ込めるようなことができます。次のプログラムを見てください。変数 f3 とf4 には、それぞれ無名関数を実行したものが代入されていますが、その中身はプ

ログラム上では全く同一です。最後にコンソール出力した結果が異なっています。

```
let gVar1 = 30, gVar2 = 3
const f3 = (() => {
  const captVar = gVar2
  return (p) => {return p + gVar1 + captVar}
})()
gVar1 = 40, gVar2 = 4
const f4 = (() => {
  const captVar = gVar2
  return (p) => {return p + gVar1 + captVar}
})()
gVar1 = 90, gVar2 = 9
console.log(f3(300)) // 出力例：393
console.log(f4(400)) // 出力例：494
```

　まず、f3 や f4 に代入している箇所を見てください。ある関数 a があれば、関数の処理を実行するのに a() と書きます。これと同様に、無名関数を定義して即実行する方法として (function() {...})() あるいは (() => {...})() のように記述します。括弧だらけで分かりづらいですが、直前の関数 a の代わりに無名関数をそのまま記述しています。しかしながら、記述の評価順序の関係で無名関数そのものを (function() {...}) あるいは (() => {...}) のように括弧でまとめる必要があります。それに引数の () を付けてその前の無名関数を実行したということです。

　無名関数の内側の無名関数は引数 p が引き渡されています。そして 3 つの変数の加算をして返しているのみです。ここで、gVar1 と gVar2 のそれぞれの変数は、無名関数の外側で定義された変数です。f3 と f4 は、外側の無名関数を実行して、return で返される無名関数を保持しているので、最後のコンソール出力では内側の無名関数が呼び出されて計算結果を出力します。まず、gVar1 は無名関数内では参照だけしており、その無名関数を実行した時の値が利用されていることが、10 の位が 9 になっていることで分かります。一方、captVar 変数は、外側の無名関数のローカル変数であり、その変数への代入を実行するのは f3 や f4 に代入する時です。結果的に、captVar は、外側の無名関数が実行された時点での gVar2 の値が代入されていて、コンソールの出力では 1 の位が 3 や 4 で出力されています。1 の位

が 9 ではないことがポイントです。つまり、gVar2 の値が f3 や f4 の値の中に保持されています。このような仕組みを**変数のキャプチャ**と呼ぶこともあります。

2.2 条件分岐

　条件に応じて処理を切り分ける**条件分岐**は、if あるいは switch を使ったステートメントで記述できます。基本的には他の言語と大きく違いはありません。if は条件式が true の場合にその後のステートメントを実行し、false の場合は else 以降のステートメントを実行します。else 節は省略可能です。if については、条件を 3 つ以上に分離させたい時、else 節の中に改めて if を記述するのが文法的に正しい解釈ですが、else if として、if と同じインデントでいくつも条件を記述できるので、else と if の間の空白だけを忘れないようにすれば良いでしょう。switch については、switch の後の括弧内の値が case 以降の値に一致すれば、そこにあるステートメントを実行するので、多重の分岐がある場合には便利な記述です。なお、処理の終わりには break を記述しないと、次の case のステートメントを実行します。どの条件にも合わない場合は default: の後のステートメントを実行します。

```
if(条件式) {
  ステートメント
  ...
} else {
  ステートメント
  ...
}
```

```
switch(値) {
  case 値1: ステートメント...
    break
  case 値2: ステートメント...
    break
  default: ステートメント...
}
```

2.3 繰り返し

　繰り返しは大きく分けて、while と for の 2 つがあります。また、while の記述方法には 2 つあり、while を最初に記述する繰り返しは直後の条件式が true の間はステートメントを繰り返し実行します。最初から false になっていれば、ステートメントは 1 回も実行しません。do...while は逆にステートメントを実行してから条件式を評価し、true なら繰り返しますので、ステートメントは最低 1 回は実行されます。

　for は最も使われる繰り返しです。最初に初期化式を実行し、そして、条件式を評価して true なら、ステートメントの実行、反復終了式の実行を行います。この

条件式、ステートメント、反復終了式の処理を、条件式が false になるまで繰り返します。代表的な for の利用方法は以下に示したもので、変数 i をカウンタとして利用して、100 回繰り返すといった処理です。なお、for...in や for...of については配列やオブジェクトに適用可能な繰り返しですので、Chapter 4 で説明します。

```
while (条件式) {
    ステートメント...
}

do {
    ステートメント...
} while (条件式)
```

```
for (初期化式; 条件式; 反復終了式) {
    ステートメント...
}

for (let i = 0; i < 100; i++) {
    console.log(i)
}
```

　繰り返しは、break で強制終了して先に進むことができます。また、continue で次の繰り返しに移行することもできます。いずれも、ラベルを引数に取ることができ、while や for の前に「識別子 :」の形式で記述した**ラベル**の繰り返しに対して適用できます。したがってこのラベルは、多重の繰り返しの場合に終了あるいは継続する繰り返しがどれなのかを明確にするために使用できます。

2.4　例外

　エラーが発生した時などに**例外**が発生します。例外を捕捉するには、try を利用したステートメントを記述します。try のブロックで例外が発生すると、catch 以下が実行され、変数 expVar に例外に関するオブジェクトが設定されます。例外の有無に関係なく、finally 以下のブロックが実行されます。catch あるいは finally は省略可能ですが、どちらかは必要です。

　例外を発生させるには throw を利用します。半角スペースののち、文字列や数値を指定すれば、その値が catch の後に定義した変数に代入されます。エラーの記述にオブジェクトを利用したい場合はビルトインオブジェクトの Error を使います。その場合、catch の後に定義した変数には Error クラスのオブジェクトが設定されます。引数に指定して生成した場合、その引数の文字列は、オブジェクトに対して message プロパティで参照できます。

```
try {
  ステートメント...
} catch (expVar) {
  ステートメント...
} finally {
  ステートメント...
}
```

```
if(val < 0) {
  throw "Minus Value"
} else if (val == 0) {
  throw new Error("Zero Value")
}
```

2.5　本章のプログラムの実行方法

　この章のプログラムは、一部を除き、JavaScript の世界で完結しています。プログラムを .js ファイルに作成し、Node.js を利用して「node Q2-03.js」といったようにコマンド入力して実行するのが 1 つの方法です。一方、問 2-1、2-2 はブラウザー上で稼働させないと利用できない機能を使っていますので、HTML ファイルで .js ファイルをヘッダで読み込みブラウザー上で実行する必要があります。もしくは、配布している問題ファイルをご利用ください。

問 2-1 (No.16)　if 文の挨拶

「おはようございます」と言えるのは何時まで？　と問うと、NHK では朝 9 時までになる。そして 18 時から「こんばんは」が使われる。下記の関数は Web サイトで挨拶の文言を返す。「おはようございます」は 5 時から使い、これ以外の時間は NHK と同じようにする。関数は正しい文字列を返すように空欄を埋めよ。

```javascript
function greetings() {
  const today = new Date()
  const hour =    ①   .getHours()
  if (hour >= 5   ②   hour < 9) return "おはようございます"
     ③    (hour   ④   18) return "こんにちは"
     ⑤    return "こんばんは" // 解答欄⑤は1単語にする
}
```

問 2-2 (No.17)　無名関数

下記のコードはモーダルダイアログを表示して、ユーザーに「次の操作を始めていい？」と尋ねる。ユーザーの選択次第で警告ダイアログで適切なメッセージを表示する。　①　は 1 単語になるように空欄を埋めよ。

```javascript
function ask(question, yes, no) {
  if (confirm(question)) yes()
  else no()
}

ask(
  "次の操作を始めてもいい？",
     ①   () { alert("移動する！") },
     ①   () { alert("このページに留まる") }
)
```

解答 2-1

① today

② &&

③ else if

④ <

⑤ else

　この問では3つの条件があるので、2つのif...else文（入れ子になったif...else）を使います。JavaScriptではelseif文がありませんので、1行で書く時にはelse if(2単語)となるように、間違えないように気をつけてください。if...else文の書き方以外は、問題文の条件をそのまま書いたら解答になりますね。

　hourは5と9の間だったら、「おはようございます」を返します。そうではなく、もしhourは18より小さかったら、「こんにちは」を返します。そして、hourはいずれの条件も満たさない場合は「こんばんは」になります。もちろん⑤はelse if(hour >= 18)と書いても正しいプログラムになりますが、この条件を明確に書く必要がありません。不要なコードがあればプログラムに理解は難しくなる可能性があるので、できる限り必要なコードだけを書くことにしましょう。

解答 2-2

① function

　JavaScriptでは様々な関数の種類があります。1つは問2-1で使った**名前付き関数**です。当たり前なことかもしれませんが、名前がないと呼び出す関数を特定できませんので、関数宣言には名前が必要です。一方、名前のない関数もあり、**無名関数**といいます。

　ここでは関数名askの名前付き関数を定義しています。コードの2行目と3行目のyes()とno()を見ると、括弧が付けられているので、ask関数の第二引数と第三引数に渡すデータは関数だと分かります。要するに関数の引数は別の関数ということです。askの引数のためだけなら、関数の定義があれば十分で、名前は不要です。

　ちなみに、ifやelseで実行する文は1つの短い文であれば、ifやelseと同じ行で書くことがよくあります。

問 2-3 (No.18)　電卓

　下記の関数は簡単な電卓のように使うものとする。変数 op1 と op2 の 2 つの数字と 1 つの演算子が渡され、演算の結果を返す。3 つ目の引数である演算子には文字列を指定する必要があり、'+'、'-'、'*'、'/' 以外の文字列が渡された場合はエラーを発生させる。空欄を埋めよ。

```javascript
function calculateResult(op1, op2, operator) {
  let result = 0
  switch ( ①     ) {
    ②      "+":
      result = op1 + op2
      break
    ②      "-":
      result = op1 - op2
      break
    ②      "*":
      result = op1 * op2
      break
    ②      "/":
      result = op1 / op2
      break
    default:
      ③      new SyntaxError(
      "演算子は「+, -, *, /」の中から選んでください")
  }
  return result
}
```

解答 2-3

① `operator`

② `case`

③ `throw`

　この問題は、switch 文で変数 operator の値を評価し、case 節の値と一致した場合はその case の下の文を実行します。最後に全ての case と一致してない値をもらった場合のコードは default 節の後に書きます。

　1 つの switch で複数の case と一致することが可能です。case は switch 文の一部だけなので、1 つの case のコードが実行された後に、switch の次の case に行って、switch の最後の文まで全部実行します。これを避けるために break キーワードを使います。break が実行されたら、次の文を実行せずに switch を出ます。本問題の switch 文は default 節がありますので、case 節で break を使わないと、result を計算した後に default に "落ちて"、そのコードを実行します。

　最後に、指定された operator が期待した以外の値の場合は、throw のキーワードを使って SyntaxError を発生させます。

■ プログラミングミニ知識　長い switch 文に注意

　JavaScript に限らず、長い switch 文はプログラムの構造を改善した方がいいかもしれないという警告です。ポリモーフィズムを使用するかキーと値ペアで書き換えることが多いでしょう。Chapter 4 の練習が終わったら、問 2-3 を別の方法で書くことがいい練習だと思います。switch 文は if...else 文の繰り返しで書けますので、たくさんの if...else 文も構造の改善の警告ですね。

問 2-4（No.19） 素数

★★
JavaScript

自然数 n が素数であるかを証明するためには、単純に考えると、n が 2 から √n までの整数の倍数であるかどうかを確認すれば良い。しかし、n が大きくなると √n - 1 回の割り算を行う必要があり、結果を出すための時間が長くなる。そこで、計算を速く行うために、次のような簡単なルールで素数かどうかを判定する。

1. n は 2 の倍数、あるいは 3 の倍数であれば素数ではない

2. n は素数であれば 6k ± 1 で表現できる（k は 1 以上の整数）

下記の isPrime 関数はこのルールを使用し、コンソールに 100 までの素数を表示するように動作する。コードの空欄を埋めよ。

```javascript
const n= 100
for (    ①    i = 2    ②     i <= n    ②     i++) {
  if (!isPrime(i)) continue
  console.log(i)
}


function isPrime(n) {
  if (n <= 3) {
    return n > 1
  } else if (n    ③    2 === 0 || n    ③    3 === 0) {
    return    ④
  }
  i = 5
  while (i ** 2 <= n) {
    if (n % i === 0 || n % (    ⑤    ) === 0) {
      return false
    }
    i +=    ⑥
  }
  return true
}
```

解答
2-4

① let

② ;

③ %

④ false

⑤ i + 2

⑥ 6

for 文の基本的な書き方は（初期化 ; 条件 ; 反復）のようにセミコロンで分けられた 3 つの式を書くことです。大抵は、ループの反復のために使う変数を初期化で定義します。この場合は let i = 2 のように書きます。変数は各反復に値が変わりますので、const を使えません。var は古い方法なので、let を使いましょう。

isPrime は問題文に書いてある通りに、while ループを使用して、$\sqrt{n}$ までの除数を探します。while ループの if 文の条件はちょっと難しいかもしれません。問題文の 2 点目には「6k ± 1 で表現できる」と書いてあります。まず 6k ± 1 で表現できる整数を考えると、5, 7, 11, 13, ... ですね。(5, 7) と (11, 13) の差は 6 なので、ループの反復は +6 にします。6k ± 1 の 6k ですね。そして各反復ごとに 2 つの確認が必要です。isPrime のループは i = 5 で始まるので、その 2 つの確認は i と i + 2 になります。もちろん、ループは 6 で始まると if 文の条件は次のように書きます。

```
if (n % (i - 1) === 0 || n % (i + 1) === 0)
```

■ 数学ミニ知識　メルセンヌ数、メルセンヌ素数

$2^n - 1$（n は自然数）の形の自然数はメルセンヌ数と呼ばれています。n は合成数（素数ではない）の場合は $2^n - 1$ も合成数になります。$M(p) = 2^p - 1$（p は素数）の形のものが素数であればメルセンヌ素数と呼ばれています。もちろん全てがメルセンヌ素数になるわけではありません。例えば p = 2, 3, 5, 7 に対して M(p) の式を適用すると、M(p) = 3, 7, 31, 127 となり、これらはメルセンヌ素数になります。一方、p=11 に対しては M(11) = 2047 = 23 x 89 となり、メルセンヌ数ですが、メルセンヌ素数ではありません。実はメルセンヌ素数は珍しいものですが、知られている素数の中で最大のものがメルセンヌ素数です。

もちろん、$2^p - 1$ は奇数ですが、p ≥ 3 だったら、1 の位は 1 か 7 に限られています。つまり M(p) (mod 6) = 1 なので、割り算の定義より M(p) = 6k + 1（k は自然数）と書けます。これは問 2-4 で紹介した条件を満たします。

問 2-5（No.20） アロー関数

変数 sum に設定された関数と、その前の関数 sum が同じ結果を返すように空欄を埋めよ。同様に変数 fibo および betweenOrBound に設定された関数が関数 fibo および betweenOrBound と同じ結果を返すように空欄を埋めよ。

```javascript
function sum(a, b) {
  return a + b
}
const sum =    ①    => a + b

function fibo(n) {
  if (n < 2) {
    return n
  }
  return fibo(n - 1) + fibo(n - 2)
}
const fibo = (n) => n < 2  ②  n  ③  fibo(n - 1) + fibo(n - 2)

function betweenOrBound(low, high, n) {
  return n < low ? low : (n > high ? high : n)
}
const betweenOrBound = (low, high, n) => {
  if (n  ④  low && n  ⑤  high)
    return n
  else if (n  ⑥  low)
    return low
  else
    return high
}
```

解答 2-5

① (a, b)

② ?

③ :

④ >=

⑤ <=

⑥ <

　アロー関数式は、通常の function 式の代替構文です。1 行で記述できる関数によく使います。基本的な構文は (引数 1，引数 2，...) => { 文 } ですが、文が 1 つしかない場合、{ } は任意です。同様に引数が 1 つしかなかったら ( ) が任意で、さらに引数がない場合は ( ) だけが必要です。

　まず、sum について見てみましょう。sum は 2 つの引数の合計を返します。アロー関数の処理部分が 1 つの文だけで記述できる場合、return を書かなくてもその結果を返します。

　fibo では、if 文の省略としてよく用いられる条件演算子を使用しています。基本的な書き方は condition ? ifTrue : ifFalse ですが、betweenOrBound で使うようにネストされた演算子も書けます。betweenOrBound のコードは難しくないと思いますが、関数の目標を説明されてないと if 文の条件を気をつけないと間違えやすいかもしれません。しかし function の betweenOrBound を見たら n は low と high の間だったら n を返し、low より小さい場合 low、high より大きい場合 high を返すことが分かります。

　本問では名前付き関数を使いましたが、無名関数、内部関数などとしてもアロー関数を使えます。なお、実際のプログラムでは処理部分が比較的短い場合にアロー関数を使うので、最後の betweenOrBound の書き方はあまりおすすめしません。

問 2-6（No.21）　関数のデフォルト引数と期待してない引数 ★ JavaScript

　下記のプログラムは 2 つの関数を定義して、テスト値を使用してテストの結果を
コンソールに出力する。出力例を予測せよ。エラーが発生する場合はエラーのタイ
プを解答せよ。

```
const min = (x, y) => x < y ? x : y
console.log(min(8, 2, 1, 9, 0))      // 出力例：［  ①  ］
const positiveMax
  = (x, y, z = 0) => x < y ? (y < z ? z : y) : (x > z ? x : z)
console.log(positiveMax(7, 3))       // 出力例：［  ②  ］
console.log(positiveMax(7, 5, 3))    // 出力例：［  ③  ］
console.log(positiveMax(3, 7, -5))   // 出力例：［  ④  ］
console.log(positiveMax(3, 5, -7))   // 出力例：［  ⑤  ］
console.log(positiveMax(-5, -7))     // 出力例：［  ⑥  ］
console.log(positiveMax(-5, -3, -7)) // 出力例：［  ⑦  ］
```

問 2-7（No.22）　関数の渡されなかった引数 ★ JavaScript

　下記の関数はレコードの変更日時のログとして使用されている。username 引数
がない、または空文字列が渡された場合は、ユーザー名を 'Unknown' に書き換え
るようにコードの空欄を埋めよ。

```
function log(record, username) {
  username = username ［  ①  ］ 'Unknown'
  const updated_at = new Date()
  return `［  ②  ］{record} updated by ［  ②  ］{username} ` +
    `at ［  ②  ］{updated_at}`
}
```

解答 2-6

① 2
② 7
③ 7
④ 7
⑤ 5
⑥ 0
⑦ -3

　min は 2 つの引数を期待しますが、実行時には引数を 5 つ渡しています。それでも JavaScript ではエラーにならなくて、期待してない引数が無視されるだけです。したがって、min(8, 2) の結果は 2 です。

　positiveMax は 1 つのデフォルト引数を使用していますので、2 つだけの引数で呼び出される場合は z は 0 になります。したがって、positiveMax(7, 3) は positiveMax(7, 3, 0) と同じです。

　最後のテストの結果は -3 なので、関数名が示す positive（正の数）ではなく結果は間違いです。positiveMax のコードは読みにくいのですが、よく見てください。関数名が不適切か、関数のコードを間違えています（もちろん、わざとですよ）。

解答 2-7

① ||
② $

　よく使われているトリックの問題です。JavaScript のブール式では undefined, null, '' が全部 false に評価されますので、本当の値のない変数 a があれば a || デフォルト値にすることがよくあります。Null 合体演算子 (??) もあります。しかし、username ?? 'Unknown' は username が null か undefined の場合しか 'Unknown' を入れません。空文字列の場合は空文字列のままなので、本問の解答になりませんが、よく使われているので、覚えてください。

　最後にログの文章はテンプレートリテラルを使用し、返します。テンプレートリテラルはバックティック（``）で囲み、ドル記号と波括弧を使って JavaScript のコードを直接に示すことができます。文字列に変数名を直接に挿入することができるのでとても便利です。

問 2-8（No.23） 関数の残余引数 1

下記の関数を sumAll(引数1, 引数2, ..., 引数n) で呼び出すと、引数1 ＋ 引数2 ＋ ... ＋ 引数n の合計を返すようにコードの空欄を埋めよ。

```javascript
function sumAll(     ①     all) {
  let sum = 0
  for (let i = 0; i < all.length; ++i) // 各要素ごとに
    sum += all[i]                       // all[i]はallのi番目の要素
  return sum
}

console.log(sumAll(1))       // 出力例：1
console.log(sumAll(1, 3))    // 出力例：4
console.log(sumAll(1, 3, 5)) // 出力例：9
```

これからの問題は配列（Array）を使います。Array の解説は Chapter 4 にあります。Chapter 4 までは配列の基本的な使い方だけを使用します。

問 2-9（No.24） 関数の残余引数 2

以下のプログラムを実行する際の出力例を予測せよ。エラーが発生する場合はエラーのタイプとその原因（エラーメッセージ）を解答にしてもよい。

```javascript
function fullName(firstName, ...middleNames, lastName) {
  let fullName = firstName
  for(let i = 0; i < middleNames.length; i++)
    fullName += ' ' + middleNames[i]
  fullName += lastName
  return fullName
}
console.log(fullName("Julius", ["Gaius"], "Caesar"))
// 出力例：    ①
```

解答 2-8

① ...

　簡単に言うと、残余引数は不定数の引数を配列として保持します。渡す引数は配列でなくても、関数側で配列に変換されます。つまり、sumAll(1, 3, 5) を呼び出すと、関数内で配列 all は [1, 3, 5] になります。

　残余引数が導入される前は、arguments オブジェクトを使用する必要がありました。arguments はまだ存在していますが、おすすめではありません。残余引数とarguments の主な違いは次の通りです。

- arguments は配列ではありませんので、配列の便利なメソッドを使えません。
- arguments は全ての引数を含みますが、残余引数は名前が与えられていない引数だけを含みます。

解答 2-9

① Uncaught SyntaxError: parameter after rest parameter

　エラーの原因は残余引数の後に他の引数があるということですね。残余引数は「残りの引数」全てを配列として表しますので、関数の名前付き引数より後に書かなければなりません。

■ **JavaScript ミニ知識　デコレーターによる高階関数**

　高階関数とは、関数を引数に取ることや、関数を返すことができるような仕組みを示します。もちろん、JavaScript は高階関数をサポートする言語です。ところが、他の言語では下記のようなデコレーターという仕組みがあり、これを知っている方は JavaScript でも使いたいかもしれません。しかしながら、デコレーターの ECMA の提案は執筆時点ではステージ 2 になっていますので、しばらくの間はJavaScript では使えないでしょう。

```
@decorator
function f() { ... }
```

問 2-10 (No.25) 高階関数 ★★★ JavaScript

あるプログラムの単純化されたエラー管理では関数 catchingDecorator を使用する。catchingDecorator 関数に他の関数 *f* を渡すと、*f* が実行され、エラーが発生する場合はコンソールにエラーメッセージと *f* の名前を含むメッセージを表示する。なお、catchingDecorator にはどんな関数でも渡すことができるようにする。例えば、以下のプログラムを実行すると「An unexpected ReferenceError occurred during "test": b is not defined」が出力される。

```
let test = a => b
test = catchingDecorator(test)
test(3)
```

一方、次の例を実行すると、エラーが発生せずに「7」が出力される。

```
let sum = (a, b) => a + b
sum = catchingDecorator(sum)
console.log(sum(3, 4))
```

このような動作になるように、以下のプログラムの空欄を埋めよ。

```
function catchingDecorator(      ①      ) {
  return function(     ②     ) {
    try {
      return func.     ③     (this, args)
    } catch (      ④      ) {
      // メッセージを表示する
      console.log(`An unexpected      ⑤     {err.name} occurred ` +
        `during "     ⑤     {func.name}":      ⑤     {err.message}`)
    }
  }
}
```

解答
2-10

① func

② ...args

③ apply

④ err

⑤ $

　関数を返す関数は高階関数と呼ばれます。catchingDecorator の場合は、1 つ
の引数だけが渡され、引数名はコードの途中を見て func と判断できます。ただ
し、関数だけなら足りなくて、この関数が使う引数がないと実行できませんね。
しかし渡された関数はいくつの引数を使うのは不明です。ここで困ったなと思っ
た方がいると思いますが、問 2-8 で練習した残余引数を使うと「不定数の引数
を配列として表す」ことができますので、catchingDecorator のキーポイントは
return function(...args) です。

　関数の中身は func を try...catch 文の中で実行するだけです。catch は全ての
エラーで実行され、テンプレートリテラルを用いてメッセージをコンソールに出力
します。復習ですが、テンプレートリテラルはバックティック（``）で囲み、ドル
記号と波括弧を使って JavaScript のコードを直接に示すことができます。

　return func(args) を書くと渡された関数を実行できると思ったかもしれま
せんが、残念ながらそんな簡単に書けません。args のタイプは Array なので
func(args) を呼び出すと、sum(3, 4) の場合は func([3,4]) を呼び出し、sum を
正しく実行できなくなります。必要なのは「配列の形で与えられた引数を用いて」
関数を呼び出す仕組みです。これは apply メソッドの定義です。

　apply の第一引数は this ですが、本問の場合は this を使いませんので、null
を渡しても構いません。this は複雑な概念なので、説明をスキップしますが簡単
にまとめると this は func のコンテキストになります。func 内で this を使用す
る場合、その値は apply の第一引数に渡したものになります。

　apply に似ている call メソッドもありますが、call は連続した引数のリストを
受け取ります。

問 2-11（No.26） スコープとクロージャ

★★★
JavaScript

下記のコードは 3 つの異なる multiplyXByY 関数で実行する。毎回コンソールに 3 つの整数が表示される。それぞれの場合の出力例を予測せよ。

```javascript
function multiplyXByY1() {
  x *= y
  console.log(x)
}

function multiplyXByY2() {
  let x = 2
  x *= y
  console.log(x)
}

const multiplyXByY3
  = (function () {
    let x = 2
    function innerMulti() {
      x *= y
      console.log(x)
      return x
    }
    return innerMulti
  })()
// コードは右上行に続く
```

```javascript
// コードは左下から続く
const y = 5

let x
x = 4
multiplyXByY1() // [ ① ]
multiplyXByY1() // [ ② ]
console.log(x)  // [ ③ ]

x = 4
multiplyXByY2() // [ ④ ]
multiplyXByY2() // [ ⑤ ]
console.log(x)  // [ ⑥ ]

x = 4
multiplyXByY3() // [ ⑦ ]
multiplyXByY3() // [ ⑧ ]
console.log(x)  // [ ⑨ ]
```

解答 **2-11**	① 20	⑥ 4	
	② 100	⑦ 10	
	③ 100	⑧ 50	
	④ 10	⑨ 4	
	⑤ 10		

　本問は 2 つの大事なプログラミング概念、スコープ (Scope) とクロージャ (Closure) を用います。簡単に言うと、スコープは実行のコンテキスト、つまり変数と式が「見える」「参照できる」文脈です。ブロック {...} の中で定義された変数があれば、この変数はこのブロックの中だけで見えます。一方、クロージャは「外の変数を覚えている」関数です。JavaScript では、全ての関数はクロージャです（ただし、new Function 構文は除く）。

　スコープとクロージャを理解すると、この問題は難しくないでしょう。ケース 1 の x *= y は外の x を使うので、中と外の console.log(x) は同じ値を表示します。ケース 2 は中でもう一回 x を定義します。しかしこの x は関数のローカル変数になって、外の x（グローバル変数）とコンフリクトせずに、関数が呼び出されるたびにローカル変数の x が新しく作成されて、2 * 5 の結果を表示します。

　ケース 3 はちょっと複雑です。まずは innerMulti の x があります。innerMulti の中に x の定義がないので、x の定義を見つけるまでに自分のスコープチェーンを登ります。x の定義は multiplyXByY3 の中にありますので、そこの x を使います。したがって、最初の console.log(x) は 2 * 5 の結果を表示します。最後の console.log の結果も理解しやすいと思います。しかし 2 つ目の console.log(x) は意外な結果かもしれません。慎重に状況を分析しましょう。問 2-15 の解答の後にある JavaScript ミニ知識も参考にしてください。

　multiplyXByY3.name を実行すると "innerMulti" が返ります。Chrome を使うと console.dir(multiplyXByY3) を実行したら Closure が見られます。

問 2-12 (No.27) 宿題は非同期でしないで

下記のコードの出力例を予測せよ。

```javascript
function doHomework(subject) {
  console.log(`${subject}の宿題始める`)
  // 500msの遅延を起こす
  setTimeout(() => console.log(`${subject}の宿題終わった`), 500)
}
const haveFun = () => console.log("～遊ぶ～")


doHomework("国語")
haveFun()


// 出力例（／は改行）：  ①  ／  ②  ／  ③
```

問 2-13 (No.28) コールバック関数 ★★ JavaScript

本問は問 2-12 とほとんど同じである。haveFun 関数を doHomework 関数に引数として渡す。他の関数に引数として渡される関数は、コールバック関数と呼ばれる。これで非同期の問題を正しく修正できたのだろうか？ 出力例を予測せよ。

```javascript
function doHomework(subject, callback) {
  console.log(`${subject}の宿題始める`)
  setTimeout(() => console.log(`${subject}の宿題終わった`), 500)
  callback()
}
const haveFun = () => console.log("～遊ぶ～")


doHomework("国語", haveFun)

// 出力例（／は改行）：  ①  ／  ②  ／  ③
```

解答 2-12

① 国語の宿題始める　　　③ 国語の宿題終わった
② ～遊ぶ～

　setTimeout メソッドを使用すると、第二引数に渡した時間が経過すれば第一引数に渡したコードが実行されます。しかし、setTimeout の後にあるコードは setTimeout の実行が終わったことを待ちません。複数の関連する事象が互いの完了を待たずに発生することは**非同期** (asynchronous) と呼ばれます。つまりこのコードは次の順序で処理を進めます。

1. doHomework 関数の console.log を実行します。
2. setTimeout を実行します。引数に記述された関数はその段階では実行されません。setTimeout を終えて次に行きますが、doHomework 関数はそこで終わります。
3. haveFun 関数の console.log を実行します。
4. 2. を実行した 500ms 後に setTimeout に渡した関数内の console.log が実行されます。この処理はほぼ間違いなく 3. より後に実行されるでしょう。

遊ぶ前に宿題をちゃんと終わらせる方法は次の問題で考えましょう。

解答 2-13

① 国語の宿題始める　　　③ 国語の宿題終わった
② ～遊ぶ～

　問 2-12 と比べると、全く変わりませんね。プログラムの実行の順序を確認すると callback は setTimeout の後に呼び出されますので、問 2-12 と同じ問題が発生します。setTimeout の 500ms を待たずに haveFun が実行されます。

　正しい方法は doHomework のコールバックを setTimeout に渡すコードの中で実行します。

```
setTimeout(function () {
  console.log(`${subject}の宿題終わった`)
  callback()
}, 500)
```

　そうすると 500ms を待った後に順序に宿題が終わった後に遊びます。ちなみに、コールバック関数は「他の関数に引数として渡される関数」なので、setTimeout に渡す無名関数もコールバック関数ですね。

問 2-14（No.29）　再帰関数 - 真理値表

★★
JavaScript

　下記のコードはブール代数の練習 Web サイトで使用する。ブール代数の式を確認するために真理値表を作成してユーザーに表示する。下記の関数は長さ n までのバイナリ文字列（2進数）を順番で返します。例えば generateTruthTable(3) を呼び出すと ['000', '001', '010', '011', '100', '101', '110', '111'] が返る。コードの空欄を埋めよ。

ヒント：JavaScript の Array は長さ n だったら、最初の要素は 0 番目で、最後の要素は n - 1 番目である。したがって、tempArray の 2 番目の要素は tempArray[1] で参照できる。

```javascript
function generateTruthTable(n) {
  let res = new Array() // 結果の配列を作る
  allBinaries(n, new Array(n), res)
  return res.sort()     // バイナリ文字列（2進数）を並び替える
}


function allBinaries(i, tempArray, res) {
  if (i ===    ①    ) {
    // 1つのバイナリ文字列（2進数）を配列に追加する
    res.push(tempArray.join(''))
  } else {
    tempArray[    ②    ] = 0
    allBinaries(    ③    , tempArray, res)
    tempArray[    ④    ] = 1
    allBinaries(    ⑤    , tempArray, res)
  }
}
```

（解答例は、3ページ先にあります）

問 2-15 (No.30)　再帰関数 - 迷路

★★★★
JavaScript

　大輔君は 2 次元迷路を巡るゲームを作った。迷路は 2 次元の配列で示し、移動は東西南北の方向のみ可能である。構築は次のルールに従うものとする。

1. 行けない升 (迷路の壁) は '#' で示す。
2. 行ける升は '.' で示す。
3. 迷路は四角で、穴がない。
4. 出発点は 'S' で示し、ゴールは 'G' で示す。

　findPath 関数は渡された (currentX, currentY) の位置から G までの道を見つける。第三引数は迷路を示す Array である。findPath は次のルールに従う。

5. 歩いた升を '+' で示す (S を書き換えてはいけない)。
6. 行き止まりまでの升が分かれば 'X' で示す。
7. G に着いたら、または G までの道がない場合は、通常に終了する (Maximum call stack size exceeded のエラーなどが発生しない)。

　例えば、迷路は次のように記述できる。maze1 のゴールは (1, 3) 升にある。

```
maze1 = [                          maze2 = [
  ['S', '.', '#', '.'],              ['.', '.', '.', '.'],
  ['#', '.', '#', 'G'],              ['#', '.', 'S', '.'],
  ['#', '.', '#', '.'],              ['#', '#', '#', '.'],
  ['#', '.', '.', '.'], ]            ['#', 'G', '#', '.'], ]
```

　findPath(0, 0, maze1) と findPath(1, 2, maze2) を実行した後には、迷路に歩いた痕跡が残る。

```
maze1 = [                          maze2 = [
  ['S', '+', '#', '.'],              ['X', 'X', 'X', 'X'],
  ['#', '+', '#', 'G'],              ['#', 'X', 'S', 'X'],
  ['#', '+', '#', '+'],              ['#', '#', '#', 'X'],
  ['#', '+', '+', '+'], ]            ['#', 'G', '#', 'X'], ]
```

　関数内にあるコメントにしたがって、迷路を巡る関数の空欄を埋めよ。

```
function canGo(x, y, mazeDef) { // (x, y)に行けるか？
  if (x < 0 || y < 0 ||
    x >= mazeDef[0].length || y >= mazeDef.length)
    return false
  if (mazeDef[x][y] == '#' || mazeDef[x][y] == 'X' ||
    mazeDef[x][y] == '+')
    return false
  return true
}


function findPath(currentX, currentY, mazeDef) {
  if (    ①    canGo(currentX, currentY, mazeDef)) return false
  else if (mazeDef[currentX][currentY] == 'G') return     ②
  else mazeDef[currentX][currentY] =
    mazeDef[currentX][currentY] == 'S' ? 'S' : '    ③    '
  // 西（左方向）
  if (    ④    (currentX    ⑤    1, currentY, mazeDef))
    return true
  // 南（下方向）
  if (    ④    (currentX, currentY    ⑥    1, mazeDef))
    return true
  // 東（右方向）
  if (    ④    (currentX    ⑥    1, currentY, mazeDef))
    return true
  // 北（上方向）
  if (    ④    (currentX, currentY    ⑤    1, mazeDef))
    return true
  mazeDef[currentX][currentY] =
    mazeDef[currentX][currentY] == 'S' ? 'S' : '    ⑦    '
  return     ⑧
}
```

（解答例は、2 ページ先にあります）

① 0
② i - 1
③ i - 1
④ i - 1
⑤ i - 1

　自分自身を呼び出す関数は再帰関数と呼ばれます。1つの大きい問題を似ている小問題に分割して解決するようによく使われています。再帰関数には、再帰終了（またベースケースや止まる条件）と再起再開（または再帰ケースや続く条件）の2つのステップが含まれている必要があります。

　再帰関数の魔法を感じるように「どうやってやる」より「何をやる」を考えた方がいいかもしれません。大袈裟に言うと、「どうやってやる」というのは今までのように、「あるループの中で、この変数にこの値に入れて、これを計算したら、これができる」という考え方です。「何をやる」というのは小問題に分割して日本語で説明した通りに書くことです。本問の場合は「長さ n - 1 のバイナリ文字列があれば、そのバイナリ文字列に 0 を追加したら、半分の結果が得られ、1 を追加したら残っている半分の結果が得られる」と表現しましたら小問題への分割は明らかに分かりますね。本問はわざと n から始めるとしましたので、逆に書く必要がありますが、難しくないでしょう。「0 か 1 を書いて、長さ n - 1 のバイナリ文字列を追加する」ということです。そして、そのまま書くと `tempArray[i - 1] = 0` (また 1) は「0 か 1 を書いて」に対応しています。

　`allBinaries(i - 1, tempArray, res)` は「長さ n - 1 のバイナリ文字列を追加する」に対応しています。最後に止まる条件を決める必要があります。小問題の表記を読むと、長さ 0 になれば `tempArray` に 1 つのバイナリ文字列がありますので、`res` 配列に追加し、再帰を止めます。

　再帰関数が理解しにくい場合は実行のスタックを書くことが便利です。実行のスタックというのは「なにがどの値で実行されるかの図」です。`allBinaries(2, new Array(2), res)` のスタックを書くと次のようなものです。

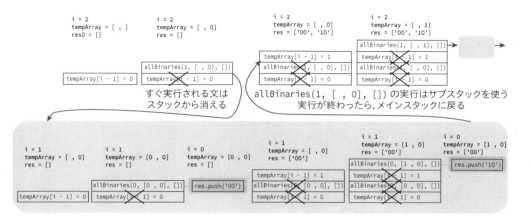

① !

② true

③ +

④ findPath

⑤ −

⑥ +

⑦ X

⑧ false

　まずはベースケースを考えましょう。複数のベースケースがありますが、1つは簡単ですね。Gに着いたら止まります。そして、行けない升に着いたら止まります。そのためにcanGo関数を定義しました。canGo関数は (x, y) 升に行っていいかどうかを判断します。もちろん迷路の外は行けません。そして、#とXでマークされた升も行けません。正確にはXの場合は行く必要がありません。+もダメだと驚いたかもしれませんが、再帰のロジックを理解したら明確になるでしょう。

　問題を小問題に分割すると「今までの道が分かれば、これからGまでの道を見つける」と表記できます。しかしこのような小問題はまだ複雑すぎて「道を見つける」を分割しないと難しいです。2次元の迷路なら「西の升への道を見つける」「南の升への道を見つける」「東の升への道を見つける」「北の升への道を見つける」という4つの小問題に分割することができます。

　全ての部品を組み立て、次のような流れでプログラムを組めば良いことが分かります。以下の箇条書きは、findPath関数の条件文に順に従って対応していて () は返り値を示します。

● 現在の升が行けない升（外側、#、X、+）であれば探索をやめて戻る (false)

● 現在の升がGであれば、探索が成功した (true)

● 上記以外の場合は行ける升なので、現在の升を+でマークする

- 現在の升から西へ進める道があれば、そちらに移動して探索する (true)
- 同様に南、東、北へ進める道があれば、そちらに移動して探索する (true)
- ここまで来たら、道がないと判断できる、現在の升から先はどこにも行けず
  ゴールでもないので、X をマークする (false)

+ でマークされた升に移動するのを許すと、永遠に同じ 2 つの升に行き来したり、振り向いたりする可能性があります。+ の升は二度と歩きません。実行のスタックを考えると、現在地からの再帰呼び出しが終わったら次の方向に行って、全ての方向はダメだったら X を付けて、スタックの 1 個下のレベルに戻ります。

■ JavaScript ミニ知識　クロージャの解釈

　問 2-11 のクロージャについて補足を記載しておきます。当たり前かもしれませんが、問題のコードにある multiplyXByY3 のタイプは関数です。typeof (multiplyXByY3) は "function" を返します。しかし、multiplyXByY3 が何を返すかが問題です。よく見ると、multiplyXByY3 の定義は (function() {return innerMulti})() の形ですね。キーポイントは () の位置です。innerMulti に括弧がありませんので、innerMulti の実行結果を返すことではありません。innerMulti を定義した後に、この定義の参照を返し、返した値を実行します。同じことだ！と思うかもしれませんが、クロージャだったら同じではありません。return innerMulti() だったら、呼び出せるたびに (外の) 無名関数の x を取って x * 5 を返して、関数の変数などが消えます。問題のように書くと multiplyXByY3 を定義した後に無名関数の変数などはすでに消えました (すでに呼び出しましたので)。しかし innerMulti は外部関数が実行されたときのスコープチェーンを保存します。外部関数の x が消えても innerMulti は x の値を保存し続けます。そして multiplyXByY3() を実行したら保存されている x の値が変わりますので、2 回目の実行の結果は 50 になります。

Chapter

3

文字列と正規表現

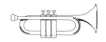

　プログラムの中では文字列の処理はよく行われます。また、複雑な検索処理では正規表現を使うと短くコードを記述できることもあって、正規表現はよく利用されます。

3.1　JavaScript での文字列（String クラス）

　Chapter 1 でも説明したとおり、シングル（'）やダブルクオート（"）で囲む**文字列リテラル**による文字列のコード上での表現が可能で、バックスラッシュ（\）によるエスケープシーケンスが可能なことなど、他の言語と共通の点はあります。ES6 ではバックティック文字（`）による**テンプレートリテラル**を使うことにより、${ 変数 } あるいは ${ 式 } といった記述を内部に書くことで、その値を文字列内に埋め込むこともできるようになりました。また、テンプレートリテラルでは改行を途中に記述できるので、長い文字列も記述しやすくなりました。さらに、改行直前に \ があれば、次の改行は無視します。

　文字列には多くのメソッドが用意されています。次の表に代表的なメソッドを記載します。記載があるもの以外は String クラスのプロトタイプとして定義されているので、文字列変数やリテラルなどに直接メソッドを指定して利用できます。String クラスのプロトタイプのメソッドは古くから使われていて現在は使用を推

奨されないものもかなりあります。例えば、substr は非推奨のメソッドになっています。

■ 文字列に利用できる代表的なメソッド

メソッド	説明
charAt, charCodeAt, codePointAt	文字列内の指定された位置の文字または文字コードを返す
fromCharCode, fromCodePoint	引数に文字コードを指定して文字列を生成する（いずれも String クラスの静的メソッド）
indexOf, lastIndexOf	文字列内にある指定された部分文字列の先頭位置、および末尾の位置を返す
startsWith, endsWith, includes	文字列が指定した文字列で始まるか、終わるか、それを含むかどうか
localeCompare	最初の引数と比較してソート順序の前後関係を正負あるいは 0 で返す。2 つ目と 3 つ目に locale やオプションを指定できる
concat	引数の文字列をテキストとしてつなげた新しい文字列を返す
split	文字列を引数の文字を区切り文字として文字列の配列に分割
slice	引数に最初と最後の文字位置を指定して部分文字列を返す。負の数は末尾からカウント
substring	引数に最初と最後の文字位置を指定して部分文字列を返す。負の数は 0 とみなされる
match, matchAll, replace, search	正規表現を引数に取り、検索や置き換えなど
toLowerCase, toUpperCase, toLocaleLowerCase, toLocaleUpperCase, normalize	小文字化、大文字化、Unicode 正規化
repeat	文字列を引数の回数だけ繰り返す
padStart, padEnd	引数の長さになるまで引数の文字を前後に追加
trim, trimEnd, trimStart	文字列の先頭と末尾から空白文字を取り除く

3.2 タグ付きテンプレート

関数名に続いてテンプレートリテラルを記述すると、テンプレートリテラル展開をその関数にさせることができます。そのような手法を**タグ付きテンプレート**と呼び、展開させる関数のことを**タグ関数**と呼びます。関数呼び出しの ( ) は記述せず、関数名のすぐ後に、`...` を記述します。そこで指定する関数には複数の引数を定義しますが、第一引数はテンプレートリテラル内のプレースホルダーでない文字

列が配列で得られます。2つ目以降はプレースホルダーの文字列が得られます。これらテンプレートリテラルの要素をバラバラに受け取って、関数内で自由に再構成ができるということです。また、2つ目の引数を可変引数にすると、2つの変数で、文字列と変数展開部分をそれぞれ配列で受け取ることができます。なお、タグ関数を記述する箇所に `String.raw` メソッドを使うと、エスケープ展開はしないものの変数展開は行うということが可能になり、正規表現などエスケープ処理をしない文字列の記述をしたい場合には便利です。

3.3　正規表現による文字列処理

　JavaScript では、**正規表現**のパターンを文字列で記述することが可能で、その場合は、通常は RegExp クラスのインスタンスを `new RegExp("パターン")` のように記述することで、パターンが利用できるようになります。この記述以外に、コード内に直接正規表現を記述する `/パターン/` のような書き方も可能です。簡単に済ませるには後者の方法もシンプルに記述できて便利です。パターンの記述方法は、このすぐ後に解説しています。

　正規表現での検索を行う文字列メソッドの場合、引数に正規表現を指定するのが一般的です。例えば、`mystring.match(/abc/)` は、文字列が代入されている変数 `mystring` にパターンの「abc」が含まれていればマッチした文字列を含む配列を返し、マッチしなければ false を返します。マッチしたかどうかを調べるだけなら返り値をそのまま if 文の条件に指定できます。一方、RegExp クラスのメソッドとして、`test` と `exec` があります。`test` は引数の文字列に対してパターンがマッチすれば true を返します。`exec` は引数の文字列に対してパターンマッチを行い、結果の配列を返します。返された結果の [0] は文字列全体、[1]〜[n] はパターン内のグループに対する文字列、`index` プロパティは文字位置（最初は 0）、`input` プロパティは元の文字列を示します。`exec` メソッドでマッチしない場合には null が返されます。

　パターンマッチの処理を行う場合の動作を定義する**フラグ**の指定が可能です。RegExp クラスのコンストラクタでは 2 つ目の引数に文字列で指定します。直接正規表現を記述する方法では、「/パターン/フラグ」のような位置にフラグの文字列を書き並べます。使用可能な文字列は以下の通りです。

■ 正規表現のパターンに指定できるフラグ

フラグ	説明
g	グローバル検索（文字列全体を検索、繰り返し検索など、メソッドで違う）
i	大文字・小文字を区別しない
m	複数行を対象にする
s	. が改行と一致する
u	"unicode"; パターンを連続する Unicode のコードポイントとして扱う
y	対象文字列で最後に見つかったマッチの位置から検索を開始する先頭固定 (sticky) 検索

3.4 パターン作成のルール

　正規表現の**特殊文字（メタキャラクタ）**は \ ^ $ * + ? . ( ) | { } といった文字で、これらはパターンの中では意味のある文字として扱われます。「クエッションマークを検索したい」という場合もあるでしょう。その場合、特殊文字でもバックスラッシュと共に \? と記述することで、クエッションマークそのものとして記述できます。このように、\ によるエスケープシーケンスも知っておく必要があります。また、タブを \t、改行を \r、ラインフィードを \n と記述できるのは、一般的な文字列表現と同様です。

　正規表現は、複数の文字のどれかにマッチするという記述ができます。このような記述を**文字クラス**と呼びます。例えば、「a, b, x, y のどれか 1 文字」という記述は、[abxy] のようにブラケットを使ってマッチする文字を書き並べます。書き並べる場合、順序はなんでも構いません。ある場所で、2 通りのどちらかのパターンでも良い場合、| で 2 つのパターンを区切って指定します。

　また、文字コードでソートした結果を考慮して、範囲で指定することもできます。例えば、アルファベットの大文字全て、大文字小文字どちらも含めた全ての文字の文字クラスは [A-Za-z] のように記述します。つまり、- の両側に範囲の最初と最後の文字を記述することで、その間の文字列を全部書き並べたのと同じ効果になるというものです。範囲の記述を 2 つ以上並べて記述しても構いません。ブラケットの内部で最初の文字が ^ の場合は、その文字クラス内で記述された文字ではないものがマッチするパターンとなります。つまり、[^a-z] はアルファベット小文字以外の文字にマッチします。さらに、ピリオド (.) は任意の 1 文字に対応します。また、行単位でマッチ処理をする場合、^ は行頭、$ は行末を示します。つまり、^ や $ は文字ではありません。正規表現が ^[0-9] だとすると、行の最初の文字が半角の数字である行がマッチします。なお、^ や $ は、文字クラスを示すブラケットの内部

では、\ によるエスケープは不要です。いくつかのクラスは、以下のように、\ で始まる**特殊シーケンス**で記述できます。こちらを使う方がさらに短く記述できます。

■ 文字クラスを表現する正規表現の特殊シーケンス

パターン	等価なパターン（長い文字列は折り返して記載）	マッチする文字
\d	[0-9]	半角数字のいずれか
\D	[^0-9]	半角数字ではない文字のいずれか
\s	[\f\n\r\t\v\u00a0\u1680\u180e\u2000-\u200a\u2028\u2029\u202f\u205f\u3000\ufeff]	タブや改行、半角スペースなどとマッチ。全角スペースにもマッチする
\S	[^ \f\n\r\t\v\u00a0\u1680\u2000-\u200a\u2028\u2029\u202f\u205f\u3000\ufeff]	タブや改行、半角スペースなどではない文字とマッチ
\w	[A-Za-z0-9_]	半角の大文字小文字のアルファベット、数字、アンダーラインとマッチ
\W	[^A-Za-z0-9_]	半角の大文字小文字のアルファベット、数字、アンダーラインではない文字とマッチ
\b	（無し）	単語の区切り
\B	（無し）	単語の区切りではない文字

　パターンの繰り返しに使える文字列として、以下のものがあります。いずれも、直前のパターンが繰り返されている場合に、マッチがなされたとみなします。例えば、[0-9]+ だと、数字が1桁以上続いている部分とマッチします。検索対象が「area13」なら「13」にマッチします。* だと0回以上、つまりその前の文字のパターンが登場しなくてもマッチします。なお、空文字を除く任意の文字列全てにマッチさせるのは、アプリケーションの検索機能だと * になりますが、正規表現では繰り返し対象のパターンが設定されておらず、何もマッチしません。任意の文字列にマッチさせるには、正規表現だと .+ あるいは .* などを利用します。

■ 繰り返しを表現する特殊シーケンス

パターン	マッチ回数
*	0 回以上（「*?」は最小マッチを行う）
+	1 回以上（「+?」は最小マッチを行う）
?	0 ないしは 1 回（「??」は最小マッチを行う）
{m,n}	m 回以上 n 回以下。省略すると、0 および無制限回を意味する（「{m,n}?」は最小マッチを行う）

　正規表現には、**グループ**という仕組みを利用し、マッチした文字列の一部分を取り出すことができます。この動作を**キャプチャ**と呼びます。キャプチャするために、正規表現の文字列に（　）を記述します。その後、同一の正規表現の中や、置き換えの文字列を定義する正規表現の中で \1 などの記述でキャプチャした文字列を取り出すことができます。

■ グループを表現する特殊シーケンス

パターン	意味
(pattern)	パターンにマッチした文字列を記録する
(\n)	記録した文字列を表示する。n は 1 以上の数値で、マッチした順序で蓄積されている
(?:x)	括弧があってもキャプチャしない（非格納）
x(?=y)	x に続いて y がある場合にマッチする（先読み）
x(?!y)	x に続く部分に y がない場合にマッチする（否定先読み）
(?<=y)x	x の前に y がある場合にマッチする（後読み）
(?<!y)x	x の前に y がない場合にマッチする（否定後読み）

3.5　本章のプログラムの実行方法

　この章のプログラムは、JavaScript の世界で完結しています。プログラムを .js ファイルに作成し、Node.js を利用して「node Q3-01.js」といったようにコマンド入力して実行するのが 1 つの方法です。もしくは、配布している問題ファイルをご利用ください。

問 3-1（No.31） 序数

次のプログラムにある `toOrdinalString` 関数は、引数に指定した整数を序数に変換する。出力例にあるように 1 の位の数に応じて 1 に対しては「1st」といった文字列を返すが、11〜13 についてはルールが変わることに注意して空欄を埋めよ。

```javascript
   ①     = function (num) {
  if (typeof (   ②   ) != "number") return
  const suffixes = { 1: 'st', 2: 'nd', 3: 'rd' }
  const suffix = (num < 20) ?   ③   [num] :   ③   [num % 10]
  return num.toString().   ④   (suffix ? suffix : 'th')
}
console.log(toOrdinalString())    // 出力例：undefined
console.log(toOrdinalString(2))   // 出力例：2nd
console.log(toOrdinalString(11))  // 出力例：11th
console.log(toOrdinalString(20))  // 出力例：20th
console.log(toOrdinalString(21))  // 出力例：21st
```

問 3-2（No.32） 回文

単語が回文であるかどうかをチェックする `isPalindrome` 関数を作成する。この関数は引数として英語の単語を受け取る。正しく動作するように空欄を埋めよ。

```javascript
   ①     = function (word) {
  if (typeof(word) !==    ②     || word === '') return

  const reverseWord = word.   ③   ('').reverse().join('')
  return word.   ④   === reverseWord.   ④
}
console.log(isPalindrome())         // 出力例：undefined
console.log(isPalindrome(''))       // 出力例：undefined
console.log(isPalindrome('Madam'))  // 出力例：true
console.log(isPalindrome('Book'))   // 出力例：false
```

解答3-1

① toOrdinalString　（let, const が前にあっても良い）

② num

③ suffixes

④ concat

　①の直後には、無名関数が定義されているので、= の右側は関数が作られます。その関数を利用するためには変数に代入しておく必要がありますが、問題や出力例にあるように、関数名は toOrdinalString です。②の部分は引数の型をチェックして、数値ではない場合には何も返さないようにしています。そのために typeof 演算子を利用します。ここでは、typeof num のように記述しても稼働します。数値であれば、typeof 演算子による結果は文字列の "number" になりますので、それと一致しているかを確認します。序数にするためには、最後に "st" や "th" をつなげます。序数化するための後付文字を記録し、③で利用しています。序数の文字列作成のアルゴリズムについては、解答 3-4 のページにあるプログラミングミニ知識を参照してください。④の concat メソッドは、引数の文字列を連結した後、新しい文字列を返します。

解答3-2

① isPalindrome　（let, const が前にあっても良い）

② 'string'　または、"string"、`string`

③ split

④ toLowerCase()　または、toUpperCase()

　①は関数名になる isPalindrome で、問 3-1 と同様に考えます。②の部分は引数の型をチェックするために typeof 演算子を利用します。文字列であれば、typeof 演算子による結果は文字列の "string" になりますので、それと一致しているかを確認します。文字列を 1 つひとつの文字の配列に変換するには、③のように split メソッドが利用できます。split メソッドの引数を区切りの手掛かりにできますが、'' を引数に指定すると 1 文字ずつ分解します。その結果は配列になり、reverse メソッドを使って逆順で再配置します。そして、join メソッドを使って配列の要素をつなげた文字列を得ます。このメソッドも引数が区切り文字になりますが、'' を指定するので単に要素を結合するだけです。最後の④の部分で順序を入れ替えた単語と元の単語が同じかどうかを判定しますが、大文字小文字は関係ないので toLowerCase メソッドなどで大文字小文字を揃えて比較をしています。

問 3-3（No.33）　文字列大文字

　引数で与えた英語の文字列について、最初の文字を大文字にする capitalize 関数を作成しているとする。最初の文字を大文字に変換し、残りの文字列と連結することで動作するはずである。空欄を埋めよ。

```javascript
capitalize = function (text) {
  if (!text || typeof(text) !== 'string') return
  const firstCharCap = text.   ①   (0).   ②
  const remainString = text.   ③   (1)
  return firstCharCap + remainString
}
console.log(capitalize())    // 出力例：undefined
console.log(capitalize("")) // 出力例：undefined
console.log(capitalize("this is a sample text"))
                           // 出力例：This is a sample text
```

問 3-4（No.34）　単語の分離

　次のプログラムは、指定されたセパレータに基づいて、文字列を小さな部分に分割した場合、それらの要素数を求めてコンソールに出力するものである。空欄を埋めよ。

```javascript
function displayElements(text, separator) {
  if(typeof(text) !== 'string' || typeof(separator) !== 'string' )
    return
  const words = text.   ①   (separator)
  console.log('Total: ' + words.length) // 出力例：Total: 3
}
const fruits = 'Apple,Orange,Banana'
const comma = ','
displayElements(fruits, comma)
```

解答
3-3

① charAt
② toUpperCase()
③ substring　または、slice

　この問題も、まずは引数が falsy かどうか、あるいは文字列でないかを最初に確認しています。その後は、1 文字以上の文字列が変数 text に代入されているとして処理を進めます。文字列に対して charAt メソッドを利用することで、引数で指定した位置にある文字を取得できます。toUpperCase メソッドは、引数の文字列を大文字に変換します。つまり、①と②で最初の 1 文字を大文字にした結果が得られます。そして③では残りの文字列を取り出します。そのために substring メソッド、または slice メソッドを使います。これらのメソッドは開始位置と終了位置を引数として指定することにより、文字列の一部を取得できます。終了位置を省略すると、文字列の最後までが取得対象になります。

解答
3-4

① split

　文字列を、何らかの文字列を手掛かりにして配列の要素に分離するには、split メソッドを利用します。引数に指定した区切り文字列に基づいて文字列を小さな部分に分割できます。

■ プログラミングミニ知識　序数の文字列を作成する方法

　1 に対する序数は first で、数字を利用して「1st」のように記述されます。この序数を 1 から順に観察すると、まずは末尾の数字によってその後の文字列が決定されることが分かります。つまり、first=1st、fifty-first=51st のようになります。そして、付加する文字は、1 なら st、2 なら nd、3 なら rd、それ以外なら th です。ここで、「それ以外」をどのように考えるかがポイントです。問 3-1 では、{1: 'st', 2: 'nd', 3: 'rd'} のようなオブジェクトを用意し、数値の末尾の 1 桁をキーに与えています。1～3 以外は th であるとすればよく、オブジェクトに対してキーで取り出した結果を判定して、falsy なら 'th' をつなげるようにします。ところが 11～13 については異なり、末尾が 1、2、3 であっても th が付加され、それぞれ 11th、12th、13th になります。そこで判定する場合に 20 までなら、その数自体をキーとして 'st' などを記録したオブジェクトから取り出すことで、11～13 は用意されていない「それ以外」の場合にうまく合致して 'th' を付けるようになります。もちろん、14～19 についても同様です。

問 3-5 (No.35)　テキストマスキング
★
JavaScript

　次のプログラムは、クレジットカード番号と電子メールアドレスをマスクした結果の文字列を得るためのものである。変数 cardNum にあるクレジットカード番号の場合は下 4 桁のみが表示され、それら以外の文字列を全て * で置き換えるものとする。変数 email にある電子メールアドレスの場合には、@ 以前の文字列がマスク対象になり、最初の 2 文字が表示され、それら以外の文字列を全て * で置き換えるものとする。@ 以降はそのまま表示される。そのように動作するように、空欄を埋めよ。

```
const cardNum = '1234567890123456'
const email = 'example_email@example.com'

const lastFourDigits = cardNum.     ①     (-4)
const emailParts = email.split('@')

const maskedCardNum = '*'.    ②    (cardNum.length - 4)
                      + lastFourDigits
const maskedEmail = emailParts[0].     ①     (0,2)
                    + '*'.    ②    (emailParts[0].length - 2)
                    + '@' + emailParts[1]

console.log(maskedCardNum) // 出力例：************3456
console.log(maskedEmail)   // 出力例：exa**********@example.com
```

解答 3-5
① slice
② repeat

　slice メソッドは文字列の一部を取り出すメソッドです。通常は、2 つの引数を指定し、最初の文字位置と最後の文字位置をそれぞれ指定します。最後から数える場合は負の数で指定可能なことや、2 つ目の引数を指定できることを勘案すれば、①のように slice(-4) により「末尾の 4 桁」が文字列として得られます。substring メソッドではないかと思われるかもしれませんが、substring だと引数に負の数を与えて末尾から数えることはできません。一方、②の repeat メソッドは、適用した文字列を引数で指定した数だけ繰り返した新しい文字列を作成します。ここでは、最後の 4 桁以前の長さを cardNum 変数の length で文字列の長さを得て 4 を引き、その数だけ '*' を繰り返しています。電子メールの email 変数についても最初の 2 文字ということ以外は同様な方法で処理をしていますが、最初に split メソッドで @ 前後の文字列をそれぞれ要素として持つ配列を変数 emailParts に代入した上で、@ より前の部分について最初の 2 文字だけをそのまま表示し、残りは '*' にし、@ とそれ以降は元の文字列をそのままつなげています。

■ **JavaScript ミニ知識　isNaN と Number.isNaN の違い**

　数値として表現できない場合のエラーを示す NaN かどうかを判定する isNaN 関数は、NaN == NaN および NaN === NaN がいずれも false と評価されるため、NaN である場合を == や === で判定できず、どうしても関数による判定が必要です。さらに Number クラスの静的メソッドの isNaN、すなわち Number.isNaN もあり、こちらも NaN かどうかの判定に利用できます。Number.isNaN は isNaN よりもさらに厳しく、数値でなければ false を返します。引数が文字列の場合、isNaN は NaN ではないということで true を返しますが、Number.isNaN は false を返します。ところで、0 以外の正の数を 0 で割った値は Infinity となり、isNaN と Number.isNaN のいずれも false を返します。Infinity は無限大を示す数値であり、NaN ではありません。

問 3-6 (No.36) テンプレートリテラル

次のプログラムは、テンプレートリテラルを使用してオブジェクトの文字列表現を生成するものである。プログラムには、人の情報をデータとして持つオブジェクトがある。情報を読みやすいテキストで出力するように、空欄を埋めよ。

```javascript
const person = {
    name: "Ada", job: "programmer",
    gender: "Female", age: 28
}

const output = `  ①  {person.name} is a  ①  {person.job}. \
  ①  {person.gender.  ②  } === "female" ? "She" : "He"} \
is  ①  {person.age} years old.`

console.log(  ③  )
// 出力例：Ada is a programmer. She is 28 years old.
```

問 3-7 (No.37) 検索テキスト ★ JavaScript

次のプログラムは、正規表現を実行し、一致した文字列の位置をコンソールに出力するものである。出力例の／は改行を示す。空欄を埋めよ。

```javascript
sampleText = 'Hello World!'

function getAllPositionFrom(str, regex) {
    while (result = regex.  ①  (str)) {
        console.log(result.  ②  ) // 出力例：4／7
    }
}

getAllPositionFrom(sampleText, new RegExp(/o/g))
```

解答
3-6

① `$`

② `toLowerCase()`

③ `output`

　テンプレートリテラルは、バックティック文字（`` ` ``）で開始および終了でき、\ を含む複数行の文字列を持つことができます。テンプレートリテラルは、JavaScript コードを記述できるプレースホルダー`${}` を内部に記述できます。プログラムでは、プレースホルダーを使用してオブジェクトのプロパティにアクセスしています。なお、gender プロパティの値によって、She か He かを分けていますが、文字列の比較なので、大文字小文字の混在の問題があります。ここでは、問題文が小文字の female なので、プロパティの値を toLowerCase メソッドで小文字に変換してから一致かどうかを判断しています。

解答
3-7

① `exec`

② `index`

　exec メソッドは、指定された文字列内にある正規表現と一致した文字列の検索を行います。一致があれば結果はオブジェクトになり、一致がなければ null を返します。exec メソッドの結果を代入している result 配列では、index キーによって一致した文字列の位置を得ることができます。

■ JavaScript ミニ知識　文字列の長さを求める length はプロパティ

　文字列変数 aStr がある場合、その文字列の長さは、aStr.length です。最後に括弧は付けません。この length はもちろんプロパティです。配列の要素数も、length プロパティです。他の言語でのプログラミング経験がある方はつい癖で length() とやってしまうかもしれませんが、Type Error で停止して「sStr.length is not a function」と表示されます。

問 3-8 (No.38)　タグ付きテンプレート

次のプログラムは、スタイル属性を定義する文字列を定義し、style 属性が指定
された HTML の要素を生成する。ここではタグ付きテンプレートを利用している。
空欄を埋めよ。

```javascript
function     ①     (strings, ...values) {
  let styles = ''
  for (i = 0; i < strings.length; i++) {
    styles += strings[i] + (values[i] || '')
  }

  styles = styles.trim().replace(/[\n|\s]/g, "")

  return `<div style="${styles}"></div>`
}

const color = "red"
const size = "75px"

const div = styledDiv`
  background-color: ${color};
  width:     ②     ;
  height:     ②     ;
  text-align: center;`

console.log(div)
// 出力例：<div style="background-color:red;width:75px;
//          height:75px;text-align:center;"></div>
```

解答	① styledDiv
3-8	② ${size}

　まず、出力例を見ると、width 属性も height 属性も 75px になっているので、そこは変数 size の値が入っていることが逆読みできます。つまり、②は変数 size を変数展開すれば良いことになります。タグ付きテンプレートは、関数名の直後にバックティック文字（` ` `）で囲むことで、文字列の展開は、指定した関数でできるものです。そこで、つまり、このプログラムでは、styledDiv というタグ関数が定義されている必要があるので、①はこの関数名を指定します。タグ関数の引数は複雑です。テンプレートリテラルの元の文字列を、変数展開部分で分割し、リテラル部分だけの文字列の配列が最初の引数に設定されます。そして、その後に変数展開部分に入れるべきデータが引数で指定されます。引数がわかっていれば 2 つ目以降も引数名を記述しても良いのですが、この問題のように可変引数にするのも手です。そうなると、文字列の通常の展開は、string[0] + values[0] + string[1] + values[1] + ... のようにすれば良く、それを記述したのが関数内の for による繰り返し部分です。values 配列の要素については falsy な場合は空文字列に置き換えるようにしてあります。その後、正規表現で、改行や空白を削除して、div タグに含めて文字列を返しています。

■ JavaScript ミニ知識　「正規表現」のオススメ学習方法

　正規表現は強力な仕組みであり、しかも、文字列一発で複雑な検索条件を記述できるなど、かなり便利です。しかしながら、その一方で、初めて取り組む人には学習が大変ということもあります。もちろん、JavaScript の場合は、MDN のサイトの「正規表現」のページ（https://developer.mozilla.org/ja/docs/Web/JavaScript/Guide/Regular_Expressions）にかなりたくさんの解説や例題が出ているので、大いに参考になるでしょう。また、JavaScript での対応状況を見るためには、最も充実したリファレンスとなっています。また、検索エンジンで「正規表現」で検索すると、たくさんの解説サイトがリストアップされます。正規表現は言語ごとに微妙な違いはありますが、ちょっとした書き方の違いだけで機能的にはほぼ共通です。JavaScript に限らず、わかりやすそうなサイトや、あるいは例題が自分の今抱えている問題に近いようなサイトを探して学習すると良いでしょう。

問 3-9（No.39）　パスワード強度テスト

以下のプログラムに含まれる checkPWStrength 関数は、次の基準に基づいて、パスワードの強度を判断している。出力例を参考にして、プログラムの空欄を埋めよ。

パスワードのルールは次のようなものである

- ルール１：パスワードは８文字以上である必要がある
- ルール２：パスワードには大文字、小文字、数字、特殊記号（！、@、＃、$、%、^、&、*）がいずれも１文字以上は含まれている必要がある

パスワードの強度の判定は次のように行うものとする。

- 強力（Strong）：ルール１およびルール２の４種類の文字種別いずれにも従う
- 中程度（Medium）：ルール１およびルール２の特殊記号以外の文字種別のうち２つに従う
- 弱い（Weak）：上記以外

```
const strongRegex = new  ①  ('^(?=.*[a-z])(?=.*  ②  )(?=.*[0-9])\
(?=.*[!@#\$%\^&\*])(?=.{  ③  ,})')
const mediumRegex = new  ①  ('^(((?=.*[a-z])(?=.*  ②  )|\
((?=.*[a-z])(?=.*[0-9]))|(?=.*  ②  )(?=.*[0-9])))(?=.{  ③  ,})')

function checkPWStrength(password){
  if(strongRegex.  ④  (password)) return "Strong"
  else if(mediumRegex.  ④  (password)) return "Medium"
  else return "Weak"
}

console.log(checkPWStrength("aAO@csadad")) // 出力例：Strong
console.log(checkPWStrength("dssag2wg"))    // 出力例：Medium
console.log(checkPWStrength("ASA657"))      // 出力例：Weak
console.log(checkPWStrength("2131212"))     // 出力例：Weak
```

解答 3-9	① RegExp
	② [A-Z]
	③ 8
	④ test または、exec

　問題のコードでは、明らかに正規表現なので、new を使うとしたらクラス名の RegExp が①の解答になるのは明白です。難しいのはその後です。ここでは、まず (?=.*[a-z]) を検討しましょう。この表現には 2 つの部分があります。1 つは (?= パターン) の部分で、これはゼロ幅の肯定先読みと呼ばれるものです。パターンと一致する場合、単語と一致します。もう 1 つは、.*[a-z] の部分で、少なくとも 1 つの文字が小文字の a から z のグループに属し、任意の数の文字が前にあることを意味します。この .* がないと最初に小文字が来ないとマッチしなくなります。.* により事実上、文字列のどこかに小文字があればマッチします。この記述を利用して、ルール 2 の大文字、小文字、数字、記号が含まれているかどうかをそれぞれ確認します。

　strongRegex は全てが存在する必要があるので、パターンを並べて記述しています。すなわち、小文字、大文字、数字、記号とマッチする 4 つの肯定先読みを含むグループが並列して記述されています。単に続いて記述されていますが、結果的には肯定先読みのパターンが全て何かにマッチしないと、全体としてマッチしたとみなさないようになります。一方、mediumRegex はそれぞれの文字種確認が 2 つあればいいので、大文字と小文字、小文字と数字のように、2 つずつセットにした表現を | で区切って OR 条件としています。正規表現の (?=.{8,}) は、文字列が 8 文字以上である場合にマッチします。. は任意の 1 文字でマッチし、{8,} は直前のマッチが 8 文字以上上限なしで続くものという意味になります。文字列を正規表現にかけるには、RegExp クラスの test メソッド、または exec メソッドを利用します。

問 3-10 (No.40)　メールアドレス抽出

次のプログラムは、メールアドレスだけを大きなテキストから検索する。正規表現を使用して、任意のメールアドレスに一致する簡易的なパターンを生成し、それを利用している。問題では一部を示したが、同様に多数のメールアドレスが入力されているとする。空欄を埋めよ。

```javascript
const regex = /([a-z0-9._-]+@[a-z0-9._-]+\.[a-z0-9._-]+)/gi
const example_text = `sdabhikagathara@rediff.mail.com,
  "assdsdf" <dsfassdfhsdfarkal@gmail.com>,
  "rodnsdfald ferdfnson" <rfernsdfson@gmal.com>, ...`

const emails = example_text.[  ①  ](regex)

console.log(emails) // 出力例：[
                    //    'sdabhikagathara@rediffmail.com',
                    //    'dsfassdfhsdfarkal@gmail.com',
                    //    'rfernsdfson@gmal.com']
```

問 3-11 (No.41)　繰り返しを削除 ★★ JavaScript

次のプログラムは、連続して繰り返される単語を1つの単語に置き換える。正規表現を使用して、連続して繰り返される単語を取得する。空欄を埋めよ。

```javascript
const text = 'This is a sample sample text, that contains '
          + 'repeated words words words consecutively.'
const newText = text.[  ①  ](/\b(\w+)(\s+[  ②  ])+\b/g,
'[  ③  ]')
console.log(newText) // 出力例：This is a sample text, that contains
                     //         repeated words consecutively.
```

解答 3-10

① `match`

　文字列で利用できる `match` メソッドは、引数に指定された正規表現または文字列を使用して、文字列内から正規表現に一致する全てのパターンを見つけるのに役立ちます。

解答 3-11

① `replace`

② `\1`

③ `$1`

　問題文には既に正規表現が一部記述されています。これをまずは分析しましょう。正規表現の最初の部分である `\b(\w+)` では、何らかの単語にマッチし、1 つ目のキャプチャグループによりその単語が取り出されます。それに引き続いて同じ単語があるということはキャプチャグループの参照を利用して `\s+\1` つまり、空白と単語であればマッチします。そして、同じ単語が続くことも考慮して、`(\s+\1)+` によりマッチします。このマッチしたものに対して `replace` メソッドにより置き換えが行われますが、最初の `(\w+)` に対する置き換えだけを元の単語に置き換えて、それ以降のキャプチャグループを無視すれば余計な繰り返し単語がなくなるので、2 番目の引数については③のように、正規表現で最初にマッチしたキャプチャグループの文字列を示す `$1` を指定します。

■ **JavaScript ミニ知識　メールアドレスの完全なチェックは難しい**

　メールアドレスのルールは、RFC 5321 と RFC 5322 で定義されていますが、その定義通りのチェックを行う正規表現はかなり複雑になります。ところが、過去にはこの RFC のルールに違反するようなメールアドレスを配布していたようなプロバイダーもあり、厳密にチェックしても、使えているのに正しくないと判断するようなメールアドレスもあります。最近では RFC 違反のアドレスも見なくなっているとは言え、古いアドレスが使い続けられていることもあり得ます。現実には全角文字が入っていないとか、@ と . は必ず 1 つはある、といった程度の簡単なチェックで済ませることが多く、それで問題が出ることは滅多にありません。

4

データ構造　配列とオブジェクト

　配列やオブジェクトはデータを扱う基本です。配列はともかく、オブジェクトについては JavaScript は独特な仕組みで稼働する状態が長かったのですが、ES6 以降は class キーワードで定義できるなど、他のオブジェクト指向言語にかなり近付いて来ています。

4.1　JavaScript の配列

　JavaScript の**配列**（**Array** 型）は、一般的なものと同様、番号（インデックス）を指定して値を記録できるものです。番号は 0 から始まり、正の数を利用します。リテラルは、ar = [1, 2, 3] のように角括弧で囲み、, で区切って指定をします。1 つひとつの要素の型がバラバラでも構いません。そして、ar[0] のように、配列の変数に対して [ ] で番号を指定し、要素を利用することができます。番号は変数でも構いません。以下の表に、配列に対して利用できるプロパティやメソッドの概要をまとめておきます。プロパティは、要素数の length だけで、あとはメソッドです。いくつか存在するコールバック関数を指定できるメソッドは、すぐ後に別の表で説明します。

■ 配列に利用できるメソッドやプロパティの概要

プロパティとメソッド	動作
length	配列の要素数（プロパティ）
Array.isArray()	引数が配列かどうかを判定する（静的メソッド）
Array.of()	引数を要素に持つ配列を生成する（静的メソッド）
concat()	引数の配列の要素を後ろに続けた新しい配列を生成する
copyWithin()	2つ目と3つ目の引数で指定した範囲の要素を、最初の引数で指定した位置にコピー
includes(), indexOf(), lastIndexOf()	引数の要素が存在するかどうか、最初の位置、最後の位置を返す
join()	配列の要素を、引数に指定した文字を挟んで順番に繋いだ文字列を返す
fill()	2つ目と3つ目の引数で指定した範囲の要素を、最初の引数で指定した値にする
pop(), shift()	最後の要素あるいは最初の要素を取り除いてそれを返す
push(), unshift()	配列の最後あるいは最初に要素を追加し、要素数を返す。複数の引数を指定できる
slice()	引数に指定した範囲の番号の要素を持つ部分配列を返す
splice()	1つ目の引数で指定した位置から2つ目の引数で指定した数だけ要素を取り除き、3つ目以降の引数を挿入する。取り除かれた要素を含む配列が返される
reverse(), sort(), flat()	順序を反転した配列、ソートした配列、フラット化した配列を返す。sort は引数に2引数の関数を指定し、順序関係を返すようにしてソート処理をカスタマイズできる
keys(), values(), entries()	番号のみの配列、値のみの配列、番号と値のセットの配列を持つ配列を返す

4.2　配列の反復処理とマップ処理

　配列の要素を順々に処理する方法として、古くから for による方法 for(let i = 0; i < ar.length; i++){ar[i]} が使われてきました。この方法に加えて for(let x of ar){...} により、配列 ar の要素を1つひとつ取り出して変数 x に代入される方法も利用できます。また、for(let [k, v] of ar.entries()){...} により、変数 k に番号、変数 v に対応する要素が代入されて繰り返しを実行することもできます。

　さらに、「**マップ処理**」と呼ばれる仕組みを利用できるメソッドも用意されており、ループを記述しなくても要素に対して順次処理することができます。次の表は、配列に利用できるメソッドのうち、**コールバック関数**を引数に指定するものです。配列の要素を引数に伴って、コールバック関数が要素の数だけ呼び出されるのが共通の動作です。

■ 配列に利用できるコールバック関数を持つメソッドの概要

メソッド	動作
map()	引数のコールバック関数が返す値を持つ配列を返す
forEach()	配列の各要素に対して引数のコールバック関数を実行する
find()	引数のコールバック関数が true を返す最初の要素を返す
findIndex()	引数のコールバック関数が true を返す最初の要素の番号を返す
every()	全ての要素について引数のコールバック関数が true を返す場合に true を返す
some()	いずれかの要素について引数のコールバック関数が true を返す場合に true を返す
reduce(), reduceRight()	引数のコールバック関数の最初の引数は、直前の関数呼び出しの返り値で、順次加算した結果などを返す。メソッド自体は最後の返り値である単一の値を返す。前者は最初から、後者は最後から要素の取り出しを開始する
flatMap()	引数のコールバック関数が返す配列がフラット化された結果を返す
Array.from()	最初の引数から配列を作成する。2つ目の引数に map メソッドの処理の関数を指定できる（静的メソッド）

　引数の指定方法を以下に記述します。これらのメソッドのうち reduce と reduceRight はコールバック関数の引数が1つ増えますが、それら以外のメソッドは map メソッドと同一の引数になります。もちろん、コールバック関数の動作はメソッドに応じて適切に定義する必要があります。

```
map(callback(currentValue[, index[, array]])[, thisArg])
reduce(callback(accumulator, currentValue[, index[,  array]])
        [, initialValue])
```

　コールバック関数は関数名だけを書いても構いませんが、ここに無名関数やアロー関数を記述して、メソッド内部でコールバック関数の記述も終えるようにすれば、処理が 1 つにまとめて記述できるので便利です。コールバック関数はいくつかの引数を持ち、配列の要素 1 つひとつに対して関数が呼び出されます。currentValue は要素、index は番号、array は元の配列が渡されますが、引数は 1 つでも構いません。最後の省略可能な thisArg はコールバック関数内での this の値を指定することができますが、これも省略可能です。reduce については accumulator 引数が増えていますが、この引数には直前のコールバック関数の返り値が代入されています。最初の要素に対してコールバックを呼び出す場合には、最後の引数の initialValue が渡されますが、最後の引数を省略すると 0 が渡されます。

4.3　JavaScript のオブジェクト

　一般的なオブジェクト指向言語はクラス定義をし、インスタンス化によってオブジェクトを生成するのが一般的ですが、JavaScript で class キーワードによるクラス定義ができるようになったのはつい最近です。以前からあるのはクラスという縛りのない、キーと値のセットとしての**オブジェクト**（Object 型）です。リテラルは {} で囲って記述できるので const obj = {name: "Alfie", species: "cat"} のように記述しました。obj.name のようにドットを使ってプロパティの値を取り出す他、obj['name'] のように、配列の要素の取り出し時に番号の代わりにプロパティ名を記述するような表記も可能です。こちらだと、プロパティ名を変数にすることができます。特定のメソッドを実装したい場合は、Object 型の prototype プロパティに関数を追加するか、あるいはプロパティの 1 つに関数を代入するといった方法で、オブジェクト指向プログラミングを行っていました。そして、関数自体がクラス定義にもなるというコンセプトもありました。これは、関数名の前に new を付ければ、生成したオブジェクトを返すステートメントが関数末尾に付加され、オブジェクトが生成され参照できるようになるという仕組みです。その場合、関数内では、**this**（自分自身を参照するキーワード）を付けてプロパティを用意したり、関数をプロパティに代入してメソッドを用意することができました。このように、独自のオブジェクト指向体系を持っていた JavaScript です。オブジェクトの定義は色々な記述方法で構築でき、総じて簡潔にコードを書けるというメリットがありました。一方で、他の言語での知識が生かされないことや、柔軟性が高過ぎて記述可能な方法が多岐にわたることが、分かり難いと評価されることもありました。

オブジェクトの中にあるキーと値を順番に処理したい場合には、for(const k in obj){obj[k]} という方法が以前からありましたが、この方法だと、prototype プロパティで拡張した関数も出てきます。そのために、obj.hasOwnProperty(k) を if 文の条件に指定して、自身に定義されたプロパティかどうかを確認することが行われていました。 ES6 以降は、for(const k of Object.keys(obj)){obj[k]} のように Object クラスの keys 静的メソッドを使ってキーの配列を取り出して繰り返す方法や、for(const v of Object.values(obj)){...} のように値だけの配列を取り出す Object.values を利用する方法や、for(const [k, v] of Object.entries(obj)){...} のようにキーと配列を変数 k と v に順次取り出すような処理方法が利用でき、通常はこちらの方を利用します。なお、オブジェクトのプロパティを別のオブジェクトにコピーするメソッドとして、Object.assign 静的メソッドがあり、第二引数のオブジェクトのプロパティが全て第一引数のオブジェクトにコピーされます。

ES6 より利用できるようになった class キーワードは、class　クラス名 [extends　基底クラス名] { } のように、他の言語と同様にクラス定義ができるようになりました。メソッドは、内部に メソッド名 (引数) { } の形式で書きます。なお、constructor という名前のメソッドは生成時に呼び出される**コンストラクタ**と決められています。フィールド記述は執筆時点では正式には規格に入っていません。プロパティの定義は、コンストラクタやメソッドの中で、this. プロパティ= 値のようなコードを記述して確保します。一方、プロパティの削除は delete ステートメントを利用します。get や set を関数名の前に書くことでゲッターやセッターの定義ができたり、static を関数名の前に記述して静的メソッドを定義することもできます。スーパークラスのコンストラクタなどを参照する場合は super というキーワードを使います。

4.4　標準ビルトインオブジェクトの例

キーと値を保持する仕組みとしてはもちろんオブジェクトが利用できますが、ES6 より Map **クラス**も利用できるようになりました。値だけでなくキーにも任意の値が設定できるのがオブジェクトとの違いです。値の登録は set、値の取得は get メソッド、値の消去は delete メソッドを使い、clear メソッドで内容を消去できます。反復処理は for(let [k, v] of mapObj){...} を利用するか、引数にキーと値の 2 つの引数を持つ forEach メソッドを利用します。また、size メソッドでキーと値のセットの数をカウントできます。

　JSON を利用するための **JSON クラス**も用意されています。オブジェクトや配列などを JSON へ変換する `JSON.stringify` メソッドと、JSON 文字列からオブジェクトなどを得る `JSON.parse` のメソッドが利用できます。いずれもいくつも引数を取れますが、代表的な方法は 1 つだけ引数を指定する方法です。いずれも静的メソッドです。

4.5　分割代入構文とスプレッド構文

　配列の要素を別々の変数に代入したい場合、従来は変数の数だけコードが必要でした。しかしながら、**分割代入構文**を利用すると、まとめて代入が可能です。`ar = [9, 8, 7]` に対して、`const [x, y, z] = ar` と代入すると、変数 x は 9、y は 8、z は 7 が代入され、1 行で 3 つの変数に代入できます。この例では x などの変数をその場で定義していますが、あらかじめ定義している変数を記述することもできます。また、左辺に残余引数のように記述することで、残りを配列として代入することもできます。

　配列変数などの前に「...」を記述することで、その場所に要素を展開することができます。例えば、`ar = [99, 98]` の場合、`[1, 2, ...ar, 3]` は、`[1, 2, 99, 98, 3]` という配列になります。このようにその場所で要素に展開される仕組みを**スプレッド構文**と呼びます。関数を呼び出す時の引数でスプレッド構文を利用すると、配列の要素が引数として順番に割り当てられます。

4.6　本章のプログラムの実行方法

　この章のプログラムは、JavaScript の世界で完結しています。プログラムを .js ファイルに作成し、Node.js を利用して「node Q4-01.js」といったようにコマンド入力して実行するのが 1 つの方法です。もしくは、配布している問題ファイルをご利用ください。

問 4-1（No.42） タイトルの一覧表示

以下のプログラムは、配列 titles 内に含まれる文字列を Array クラスの forEach メソッドを用いて順に出力するものである。空欄を埋めよ。

```javascript
const titles = ["新たなる使命", "帝国の野望", "勇者の帰還"]
titles.forEach((   ①   )   ②   console.log(title))

// 出力結果
新たなる使命
帝国の野望
勇者の帰還
```

問 4-2（No.43） 文字列 99

次のプログラムは、Array クラスの indexOf メソッドを用いて、配列 sampleArray の中に含まれる文字列 "99" の位置（インデックス）を表示する。空欄を埋めよ。

```javascript
const sampleArray = [99, "qq", "99", "QQ", "99", 99]

let index = -1
while (   ①   <= (index = sampleArray.indexOf("99",   ②   ))) {
  console.log(index)
}

// 出力結果
2
4
```

解答 4-1

① `title`

② `=>`

Array クラスの forEach メソッドを用いることで、配列を先頭要素から末尾まで順に走査できます。forEach メソッドの引数はコールバックメソッドで、その第一引数には配列の各要素が渡されます。この状況における forEach メソッドの呼び出しコードを丁寧に記述するならば下記のようになりますが、この問題では ES6 で導入されたアロー関数を用いた簡略表記を採用しています。

```
titles.forEach(function (title) {
  console.log(title)
})
```

解答 4-2

① `0`

② `index + 1`

Array クラスの indexOf メソッドは第一引数に渡された値と等しい要素を探し、最初に見つかった要素のインデックスを返します。また、第二引数で「どのインデックスから」探索するかを指定できます（第二引数は省略も可能で、省略した場合には先頭から探索してくれます）。更に、探索したものの該当の要素が見つからなかった場合は `-1` を return します。このメソッドの仕様から、空欄の中身を推測できます。

なお、indexOf メソッドにおける等しいか否かの比較には `==` ではなく、`===` が用いられます。そのため、問題文のコードのように第一引数を `"99"` としておけば、数値の 99 は検索結果から除外されます。

問 4-3（No.44）　配列中の要素の検索（1）

★
JavaScript

次のプログラムは、配列 values 内に含まれる数値のうち、以下の条件に該当するものを順に出力するものである。空欄を埋めよ。

- 3 の倍数である
- 偶数個目の要素である

ただし、この問題では配列の先頭は 1 個目、その次の要素を 2 個目として捉える。すなわち、偶数個目の要素とは 4, 6, 37, 38, 60 である。

```javascript
const values = [27, 4, 28, 6, 10, 37, 7, 38, 32, 60]
   ①     index = 1
   ②    (const value   ③    values) {
  if (index % 2 === 0 && value % 3 === 0) {
    console.log(value)
  }
  index++
}


// 出力例（／は改行）：6／60
```

問 4-4（No.45）　配列中の要素の検索（2）

★
JavaScript

次のプログラムは for...of ステートメントを用いずに、Array クラスの 2 つのメソッド filter と forEach を使い問 4-3 と同じ結果を導き出す。空欄を埋めよ。

```javascript
const values = [27, 4, 28, 6, 10, 37, 7, 38, 32, 60]
values
  .  ①  ((value, index) =>   ②   % 2 === 0 && value % 3 === 0)
  .  ③  ((value) => console.log(value))


// 出力例（／は改行）：6／60
```

解答 4-3

① let

② for

③ of

問題文と穴あきコードから以下の情報を推測できます。

● このプログラムは配列の先頭から末尾まで以下の処理を繰り返し実行する。
　○ 該当要素が問題文に示された 2 つの条件に該当するか確認する。
　○ 該当した場合のみ、その値を出力する。
● index は配列の何番目を処理中かを示す変数であり、0 始まりではなく 1 始まりである。
● value という定数は、values[index-1] である。

この問題では配列の先頭から末尾までの繰り返し処理を for...of ステートメントで表現しています。

なお、変数 index は繰り返しの過程で 1 ずつインクリメントされていくので const ではなく let を用いて宣言する必要があります。

解答 4-4

① filter

② (index + 1)

③ forEach

問題文と穴あきのプログラムから以下の 2 ステップで問題を解いていると推測できます。

● Step1. 配列 values の要素から条件に該当する要素のみを抜き出した新しい配列を filter メソッドを用いて生成する。
● Step2. Step1 で生成した配列の要素を forEach メソッドを用いて先頭から順に出力する。

filter メソッドに渡すコールバックメソッドの第二引数は走査中の要素が「何番目か」を示すものですが、「先頭要素の場合は 0、2 番目の要素の場合は 1」といったようにいわゆる「ゼロ始まり」で番号が振られます。そのため、「偶数個目の要素である」を確認する条件はコード上では index % 2 === 0 ではなく (index + 1) % 2 === 0 と表現する必要があります。

問 4-5（No.46）　スタック

★
JavaScript

　次のプログラムは、いわゆるスタック（後入れ先出し：LIFO / Last In First Out なデータ構造）として配列を利用（要素を取り出したり追加したり）している。空欄を埋めよ。

```javascript
const stack = [80, 70, 85]

console.log(stack.    ①    ()) // 出力例 : 85
console.log(stack.    ①    ()) // 出力例 : 70
stack.forEach(element => console.log(element))
                    // 出力例 : 80
stack.    ②    (90)
stack.forEach(element => console.log(element))
                    // 出力例（／は改行） : 80／90
```

問 4-6（No.47）　キュー

★
JavaScript

　次のプログラムは、いわゆるキュー（先入れ先出し：FIFO / First In First Out なデータ構造）として配列を利用（要素を取り出したり追加したり）している。空欄を埋めよ。

```javascript
const waitingUsers = [ '田中', '佐藤', '山本' ]

waitingUsers.    ①    ('加藤')
console.log(waitingUsers.    ②    ()) // 出力例 : 田中
console.log(waitingUsers.    ②    ()) // 出力例 : 佐藤
waitingUsers.    ①    ('高山')

waitingUsers.forEach(user => console.log(user))
// 出力例（／は改行） : 山本／加藤／高山
```

解答
4-5
　① pop
　② push

　Array クラスの push メソッド、pop メソッドは各々「配列の末尾に要素を追加する」「配列の末尾から要素を取り出す」ことができます。なお、pop メソッドの返り値は取り出した要素です。JavaScript では、これらのメソッドを用いることで、「スタック」を簡単に実現できます。

解答
4-6
　① push
　② shift

　Array クラスの push メソッド、shift メソッドは各々「配列の末尾に要素を追加する」「配列の先頭から要素を取り出す」ことができます。なお、shift メソッドの返り値は取り出した要素です。JavaScript では、これらのメソッドを用いることで、「キュー」を簡単に実現できます。

　ちなみに、shift メソッドに関連するメソッドとして unshift メソッドも存在します。unshift メソッドは「配列の先頭に要素を追加する」ことができます。

■ **プログラミングミニ知識　スタック（LIFO）とキュー（FIFO）**

　プログラミングや IT の基礎知識を学ぶ際に高頻度で遭遇するデータ構造「スタック」「キュー」。学び始めの頃はどういった場面で使われるのか想像がつきにくいかもしれません。

　アプリケーションのレイヤーで例を出すならば、「スタック」はトランプやトレーディングカードゲームなどで「山札」を表現するのに向いているでしょう。「キュー」は薬局や携帯電話ショップなどで待ち行列を処理するためのプログラムで有効利用できそうです。開発対象システムの仕様にあわせて、適切なデータ構造を選択したり、組み合わせて利用することは、システム開発者の腕の見せ所の１つかもしれません。

　また、アプリケーションよりも下のレイヤーにおいても、これらのデータ構造はよく使われています。プログラム実行時に情報を保持するための一部メモリ領域に「スタック領域」というものがありますが、この領域はまさに「スタック」構造となっています。OS やミドルウェアがネットワークパケットやイベントを、受信した順に処理する必要がある場面では「キュー」が活用されています。JavaScript の世界においても、イベントハンドリングの仕組みの一部で発生したイベントを FIFO で扱う必要がある場面で「キュー」が活用されています。

問 4-7 (No.48)　合計値

次のプログラムは、Array クラスの reduce メソッドを用いて、配列 points の中に含まれる数値の合計を表示する。空欄を埋めよ。

```
const points = [3, 12, 1, 9, 32]
const totalPoint = points.reduce(
        (total, current) =>   ①  +   ②  ,   ③  )
console.log(totalPoint) // 出力例：57
```

問 4-8 (No.49)　計算結果の表示

次のプログラムは、問 4-7 を拡張し計算内容を数式として表現するものである。出力例は「3+12+1+9+32=57」である。空欄を埋めよ。

```
const points = [3, 12, 1, 9, 32]
const totalPoint = points.reduce(
        (total, current) =>   ①  +   ②  ,   ③  )
console.log(`${points.  ④  ('  ⑤  ')}=${totalPoint}`)
```

問 4-9 (No.50)　配列の連結

次のプログラムは、文字列の配列 2 つを結合した新たな配列 allStudents を生成しアルファベット順に並び替え、内容を表示するものである。空欄を埋めよ。

```
const studentsAkaGumi = ["Tanaka", "Yamamoto", "Suzuki"]
const studentsShiroGumi = ["Kouda", "Hashimoto", "Shimizu"]
const allStudents = [  ①  studentsAkaGumi,
                       ①  studentsShiroGumi]
allStudents.  ②  ()
allStudents.forEach(student => console.log(student))
// 出力例（／は改行）：
// Hashimoto／Kouda／Shimizu／Suzuki／Tanaka／Yamamoto
```

解答 4-7

① total

② current

③ 0

Array クラスの reduce メソッドはいわゆる「配列の折り畳み」を可能にします。配列の全要素を先頭から順に第一引数のコールバック関数で示されたアルゴリズムに従って 1 つの値にまとめていきます。第二引数は初期値を示すために利用可能で、配列の要素が空の場合は第二引数の値が返却されます（第二引数は省略可能です）。

第一引数のコールバック関数は 2 つの引数を有します。最初の引数はアキュムレータ／累積器、2 番目の引数は走査中の要素を意味します。

reduce メソッドの呼び出しコードは丁寧に記述すると以下のようになりますが、本問題では return の省略およびアロー関数の利用により簡潔に表現しています。

```
const totalPoint = points.reduce(function (total, current) {
  return total + current
})
```

解答 4-8

① total

② current

③ 0

④ join

⑤ +

Array クラスの join メソッドを用いると、配列の要素を連結した文字列を生成できます。join メソッドの引数は連結文字列として機能します。

解答 4-9

① ...

② sort

Array クラスの concat メソッドを用いることで、2 つの配列を 1 つに結合した新たな結合を生成できます。

```
const allStudents = studentsAkaGumi.concat(studentsShiroGumi)
```

（解答 4-9 は、次のページの問 4-10 の下に続く）

問 4-10（No.51）　配列の並び替え：降順

　次のプログラムは Array クラスの sort メソッドを用いて数値の配列 values を
降順に並び替えて、その結果を出力するものである。ただし、配列 values は元の
並び順を維持させたいので、配列 values の複製を生成し、その複製に対し sort メ
ソッドを呼び出している。空欄を埋めよ。

```
const values = [51, 75, 9, 30, 61]
const sortedValues
  = [   ①   values].sort((a, b) =>   ②   -   ③   )
sortedValues.forEach(value => console.log(value))
// 出力例（／は改行）：75／61／51／30／9
```

■ 解答 4-9 の続き

　ES6 以降はスプレッド構文を用いることで、以下の記述でも結合できるように
なりました。

```
const allStudents = [...studentsAkaGumi, ...studentsShiroGumi]
```

　また、Array クラスの sort メソッドを用いると、配列を簡単に並び替えること
ができます。本問題のように文字列の配列に対して引数なしで呼び出した場合に
は、アルファベット順で並び替えされます。引数にコールバック関数を渡すことで、
並び替えの方法をカスタマイズすることも可能です。

解答
4-10

① ...

② b

③ a

ES6 以降では配列の複製を生成する際にもスプレッド構文を利用できます。

本問題は前の問題と同様に並び替えをするために Array クラスの sort メソッドを用いますが、降順に並び替えをするためにコールバック関数を渡す必要があります。

コールバック関数には 2 つの引数が渡されることになっており、その内容は以下のルールに基づいて記述する必要があります。

● 第一引数の値を第二引数の値よりも左に配すべき時、負の値を返す
● 第一引数の値を第二引数の値よりも右に配すべき時、正の値を返す
● 第一引数の値、第二引数の値の順序を変更する必要がない時、0 を返す

したがって、数値の配列を降順に並び替えたい時、コールバック関数を丁寧に記述すると以下のようなコードになります。

```
(a, b) => {
  if(b < a)      { return -1 }
  else if(a < b) { return 1 }
  else           { return 0 }
}
```

上記コードは以下の左側のようにも表現できます。返り値を「1」「-1」「0」としていますが、「1」「-1」は正負さえ適切であれば他の値でも大丈夫ですので、以下の右側のように簡潔なコードにできます。これを更に簡潔な表記すると問題文のようなプログラムになります。

```
(a, b) => {                      (a, b) => {
  const diff = b - a               const diff = b - a
  if(diff < 0)      { return -1 }  return diff
  else if(0 < diff) { return 1 }  }
  else              { return 0 }
}
```

問 4-11 (No.52) 四国四県のリスト

JavaScript

次のプログラムは、文字列の配列 prefectures をもとに HTML のリストを出力する。このプログラムでは、まず配列 prefectures に格納されている文字列を `<li></li>` タグで囲んだ文字列で構成される配列を新たに生成し、その新たに生成した配列をもとに HTML 文を生成している。空欄を埋めよ。

なお、このプログラムでは '\n' を改行コードとして用いている。

```javascript
const prefectures = ["徳島", "香川", "愛媛", "高知"]

const listItems = prefectures.    ①    (
        prefecture => `    ②    ${prefecture}    ③    `)

const listHtml = `<ul>
${listItems.    ④    ('\n')}
</ul>`

console.log(listHtml)
```

```
// 出力結果
<ul>
<li>徳島</li>
<li>香川</li>
<li>愛媛</li>
<li>高知</li>
</ul>
```

問 4-12 (No.53) 各地の温度

JavaScript

次のプログラムは、ES6 で導入された「分割代入」のサンプルとして記述されたものである。実行結果を予測し空欄を埋めよ。

```javascript
const temperatures = [ 25, 28, 31, 33, 32 ]
const [sapporo, sendai, tokyo, nagoya, osaka] = temperatures

console.log(sendai) // 出力例 :    ①
console.log(nagoya) // 出力例 :    ②
```

解答 4-11

① map

② `<li>`

③ `</li>`

④ join

プログラムの前半部分のように、ある配列に含まれる要素を何かしらのルール（今回は「`<li></li>`で囲む」というルール）で変換した要素で構成される新しい配列を生成したい場合は、Array クラスの map メソッドが有用です。

以下の内容のコールバック関数を map メソッドの引数に渡すことで，元々の文字列を `<li></li>` で囲んだ文字列で構成される配列 listItems を新たに生成できます。

```
(prefecture) => { return `<li>${prefecture}</li>` }
```

解答 4-12

① 28

② 33

分割代入を用いると、以下の左側のコードが右側の様に短く記述できます。いずれのコードでも、first, second, third という名称の定数が values[0], values[1], values[2] で初期化されます。この問題では sapporo, sendai, tokyo, nagoya, osaka という名称の定数が temperatures[0]〜temperatures[4] の値で初期化されます。

```
const values = [1, 3, 2]        const values = [1, 3, 2]
const first = values[0]         const [first, second, third]
const second = values[1]          = values
const third = values[2]
```

問 4-13（No.54）　最小の合格点を探そう

★★
JavaScript

次のプログラムは、数値の配列 scores を昇順に並び替えた配列を生成し、その配列内から「60 以上」かつ「最もインデックスの若い」要素を検索し、出力するものである。空欄を埋めよ。

```
const scores = [80, 74, 96, 52, 100, 48, 71]
const sortedScores = [  ①  scores].sort((a, b) =>  ②  -  ③  )
const minPassedScore = sortedScores.  ④  ((score) =>  ⑤  <=  ⑥  )

console.log(`成績一覧(昇順) : ${sortedScores.    ⑦    (', ')}`)
console.log(`最小の合格点 : ${minPassedScore}`)

// 出力結果
成績一覧(昇順) : 48, 52, 71, 74, 80, 96, 100
最小の合格点 : 71
```

問 4-14（No.55）　軽井沢

★
JavaScript

オブジェクトに何らかの処理を行った結果、出力例にあるようにプロパティが増えた。そのような動作になるように、次のプログラムの空欄を埋めよ。

```
const karuizawa = {
  name: '軽井沢町',
  population: 19000,
}

console.log(karuizawa)
  // 出力例 : { name: '軽井沢町', population: 19000 }
karuizawa    ①    = 'サクラソウ'
console.log(karuizawa) // 出力例 : { name: '軽井沢町',
                       // population: 19000, flower: 'サクラソウ' }
```

解答
4-13

① ...
② a
③ b
④ find
⑤ 60
⑥ score
⑦ join

　配列から特定の条件を満たす要素を 1 つ探したい時には、Array クラスの find メソッドが役立ちます。このメソッドは引数に渡したコールバック関数の実行結果が true になる要素を return します。ただし、find メソッドは配列の先頭から走査を開始し、条件を満たす要素が見つかった時点でその要素を return するため、複数要素の検索には不向きです。複数要素の検索をしたい時には Array クラスの filter メソッドを用いると良いでしょう。

　なお、find と似たメソッドで findIndex も存在しますが、findIndex は条件を満たす要素のインデックスを return します。

解答
4-14

① .flower　または、['flower']

　本問題では、オブジェクト karuizawa に新しいプロパティを追加しようとしています。オブジェクト obj にキー:key, 値:value なプロパティを追加する時は、以下のいずれかの表現を用います。

　(A) obj.key = value
　(B) obj['key'] = value

問 4-15 (No.56)　スイーツの価格表

キーに商品名、値に価格を記録したオブジェクトがある。出力例のような結果になるように、次のプログラムの空欄を埋めよ。

```javascript
function getPrice(food) {
  const priceTable = {
    cake: 450,
    cookie: 150,
    iceCream: 320,
  }
  return priceTable    ①
}


console.log(getPrice('cake'))      // 出力例 : 450
console.log(getPrice('iceCream')) // 出力例 :   ②
console.log(getPrice('donut'))     // 出力例 :   ③
```

問 4-16 (No.57)　観察記録

次のプログラムは、オブジェクト record が有するプロパティのうち、id と value の値を表示するものである。空欄を埋めよ。

```javascript
const record = {
  id: "PK-B013", date: "2030/06/27",
  value: 3100, remarks: "先端の色が元に戻った"
}


const    ①    = record
console.log(`${id} : ${value}`)


// 出力結果
PK-B013 : 3100
```

解答 4-15

① [food]

② 320

③ undefined

　getPrice 関数は引数で指定された文字列をキーとして priceTable オブジェクトから値を取得して、その結果を返します。オブジェクト obj から key をキーとして値を取得する方法は以下の2パターン存在します。

(A) obj.key

(B) obj['key']

　文字列の変数や引数をキーとして値を参照したい場合には、パターン (A) は利用できません。なお、未定義のキー（本問題では 'donut'）を指定した場合の参照結果は undefined となります。

解答 4-16

① { id, value }

　問 4-12 で配列に対して分割代入を用いるコードが登場しましたが、分割代入はオブジェクトに対しても利用できます。例えば、以下のようなコードは、分割代入を用いれば const { id, value } = record と簡潔に記述できます。

```
const id = record.id
const value = record.values
```

問 4-17 (No.58) 会員オブジェクト

以下のプログラムは、関数 createNewAccount を呼び出すことで生成された会員オブジェクトの内容を表示する。プログラム内の空欄を埋めよ。

```javascript
function createNewAccount(name, mail, year, month, date) {
  const yyyy = `${year}`
  const mm = `${month}`.    ①    (2, "0")
  const dd = `${date}`.    ①    (2, "0")
  return {    ②    ,    ③    , registDate: `${yyyy}/${mm}/${dd}`}
}


const createdAccount = createNewAccount(
  "Tom", "TomScript@foo-bar-drill.com", 2020, 5, 15)
console.log(createdAccount.name)        // 出力例 : Tom
console.log(createdAccount.mail)
          // 出力例 : TomScript@foo-bar-drill.com
console.log(createdAccount.registDate) // 出力例 : 2020/05/15
```

問 4-18 (No.59) ステータス表示 (1)

次のプログラムは、オブジェクト monster のキーの一覧を配列として生成し、その配列を用いて monster の有するプロパティの情報を表示するものである。空欄を埋めよ。

```javascript
const monster = {          // 出力結果
  name: 'ゴブリン',          name : ゴブリン
  power: 100,              power : 100
  speed: 10,               speed : 10
}

    ①    .keys(    ②    ).forEach(
  key => console.log(`${key} : ${    ③    }`))
```

**解答
4-17**
① padStart
② name: name　または、name
③ mail: mail　または、mail

プロパティx, y を有するオブジェクトを x, y という値で初期化する場合、ES5 以前では以下の左側のように記述する必要がありました。一方、ES6 で導入された「一括指定プロパティ」を用いると、以下の右のように簡潔に表記できます。

```
const foo = {          const foo = { x, y }
  x: x,
  y: y
}
```

**解答
4-18**
① Object
② monster
③ monster[key]

ES5 で導入された Object.keys メソッドを呼び出すことで、オブジェクトのキー一覧を配列として得ることができます。このメソッドは静的メソッドなので呼び出す時には、Object.keys(対象オブジェクト) と記述する必要があります。

■ JavaScript ミニ知識　糖衣構文

「一括指定プロパティ」のように、面倒だったり複雑なコードを簡単に記述できるようにするための構文 / 言語仕様は「糖衣構文（Syntactic Sugar）」と呼ばれることがあります。例えば、以下の左側にある配列の各要素を順に表示するコードは、ちょっと長ったらしいと思うでしょう。このコードは以下の右側の様に簡潔に書けますね。これら for, for...of は while に対する糖衣構文と見ることができます。この章で登場する分割代入やスプレッド構文も糖衣構文の一種です。新しい糖衣構文に遭遇した時は、「元々の書き方のデメリットがこの糖衣構文によりどう解決されるか」に注目して学ぶと良いでしょう。

```
let i = 0                    for(let i = 0; i < ar.length; i++) {
while(i < ar.length) {         console.log(ar[i])
  console.log(ar[i])         }
  i++                        for(const val of ar) {
}                              console.log(val)
                             }
```

問 4-19（No.60）　総得点と平均点

★★
JavaScript

　次のプログラムは、成績データを有するオブジェクト scoreTable をもとに総得点と平均点を計算し、その結果を出力するものである。空欄を埋めよ。

```
const scoreTable = {
  math: 80,
  english: 90,
  history: 60,
  science: 70
}

const scores = Object.[    ①    ](scoreTable)
const totalScore = scores.[    ②    ]((total, current) => {
  return (total + current)
})

const averageScore = totalScore / scores.[    ③    ]

console.log(`[総得点] ${totalScore}`)    // 出力例：[総得点] 300
console.log(`[平均点] ${averageScore}`) // 出力例：[平均点] 75
```

① values

② reduce

③ length

　出力文から「総得点は定数 totalScore に、平均点は averageScore に」納めて いるであろうことが推測できます。また、オブジェクト scoreTable の値（value） の一覧があれば総得点、平均点を算出できるので、この一覧を配列として定数 scores に納めればよさそうなことも分かります。

　ES8 で導入された Object.values メソッドを用いることで、オブジェクト の値（value）の一覧を配列として得ることができます。Object.keys メソッ ドと同様、values メソッドも静的メソッドなので、呼び出すためのコードは Object.values(対象オブジェクト) となります。

　総得点 totalScore の計算は Array クラスの reduce メソッドを用いて実現して います。配列の要素の合計値を求めたいことは多いので、以下のコードをイディオ ムとして認知し、記憶しておくと役立つでしょう。

```
配列.reduce((total, current) => total + current)
```

■ JavaScript ミニ知識　配列の最大値を求める方法

　配列の中から最大値を求める処理を reduce メソッドで実現することもできます。

```
const values = [4, 2, 8, 1]
const max = values.reduce(   // 変数maxの値は8になる
        (max, current) => (max < current) ? current : max)
```

　数値の配列内の最大値を求める方法として、reduce メソッドを使わないお手軽 な方法もあります。Math クラスの max メソッドとスプレッド構文を組み合わせる と、以下のようなコードでも OK です。こちらの方が簡潔に記述できる一方、要 素数が非常に多い配列の場合、失敗するか誤った値を返す可能性があります。前者 の reduce メソッドは大規模な配列でも特に問題なく機能します。

```
const values = [4, 2, 8, 1]
const max = Math.max(...values) // 変数maxの値は8になる
```

問 4-20 (No.61)　ステータス表示 (2)

次のプログラムは、ES8 で導入された Object.entries メソッドを用いて、問 4-18 と同様にオブジェクト monster のプロパティを出力している。空欄を埋めよ。

```
const monster = {                        // 出力結果
  name: 'ゴブリン',                       name : ゴブリン
  power: 100,                            power : 100
  speed: 10,                             speed : 10
};

Object.entries(     ①     )
    .forEach((([    ②    ,    ③    ]) => {
      console.log(`${key} : ${value}`)
    })
```

問 4-21 (No.62)　カロリーと価格

次のプログラムは、calory, price の 2 つのプロパティを有するオブジェクト 2 つを引数として受け取り、それらの内容が等しいか否かを確認する関数 isEqual を定義し、呼び出すものである。空欄を埋めよ。

```
function isEqual(menuA, menuB) {
  return (     ①     ) && (     ②     )
}


const menu1 = { calory: 450, price: 800 }
const menu2 = { price: 400, calory: 320 }
const menu3 = { price: 800, calory: 450 }
const menu4 = { calory: '450', price: 800 }


console.log(isEqual(menu1, menu2)) // 出力例 : false
console.log(isEqual(menu1, menu3)) // 出力例 : true
console.log(isEqual(menu1, menu4)) // 出力例 : false
```

解答
4-20

① monster

② key

③ value

Object.entries メソッドは、keys メソッドや values メソッドと同じ様な静的メソッドで、引数で指定されたオブジェクトの「キーと値のペア」を配列として生成してくれます。例えばオブジェクト monster を引数に Object.entries メソッドを呼び出すと、以下の内容の配列が生成されます。

```
[ ['name', 'ゴブリン'], ['power', 100], ['speed', 10] ]
```

上記が示す通り、entries メソッドの返り値の配列の各要素は長さ 2 の配列で、1 番目の要素がキー、2 番目の要素が値です。別の解答例を、解答 4-24 にある JavaScript ミニ知識で掲載しているので、そちらもご覧ください。

解答
4-21

① menuA.calory === menuB.calory

② menuA.price === menuB.price　①と②の並びは逆順でも可

オブジェクト同士が等しいか否かを確認する 1 つの手段として、下記のように JSON.stringify メソッドを用いて JSON フォーマットに変換した文字列を比較する方法が存在します。

```
function isEqual(menuA, menuB) {
  return JSON.stringify(menuA) === JSON.stringify(menuB)
}
```

しかし、この方法はお手軽であるものの、この問題のようにプロパティの並びが不定の可能性を考慮するとオススメできません。そのため、解答では素直に各プロパティ毎に値が等しいか否か比較して、両方とも等しい時のみ true を返却するようにしています。

また、出力結果の最後の行から察するに、数値 450 と文字列 '450' は「等しくない」と判断するべきなので、== ではなく === を用いて値が等しいか否かを判断しています。

問 4-22（No.63）　トレーディングカード

次のプログラムは、2つのオブジェクト cardInfo, shopInfo の全プロパティを有するオブジェクトを新たに生成し、その内容を表示するものである。空欄を埋めよ。なお、オブジェクト cardInfo, shopInfo の内容は変更されないよう注意されたし。

```javascript
const cardInfo = { title: "灼熱の聖騎士", cost: 4, power: 2000 }
const shopInfo = { price: 500, stock: 24 }

const mergedInfo = Object. ①  ( ② , cardInfo,
 ③ )
for (const [key, value] of Object.entries(mergedInfo)) {
  console.log(`[${key}] ${value}`)
}

// 出力結果
[title] 灼熱の聖騎士
[cost] 4
[power] 2000
[price] 500
[stock] 24
```

解答
4-22

① assign

② {}

③ shopInfo

　Object クラスの assign メソッドを用いると、第一引数に指定したオブジェクト
に、第二引数以降のオブジェクトのプロパティを付与することができます。

　例えば、Object.assign(cardInfo, shopInfo) というコードを実行すると、オ
ブジェクト cardInfo の内容は以下のようになります。

```
{
  title: '灼熱の聖騎士',
  cost: 4,
  power: 2000,
  price: 500,
  stock: 24,
}
```

　ただし、問題文には「オブジェクト cardInfo の内容は変えないよう
に」との指示があるため、オブジェクト cardInfo の内容を変更してしまう
Object.assign(cardInfo, shopInfo) は誤りです。

　第一引数には中身が空の Object（{}）を指定し、assign メソッドの実行結果を
返り値で受け取るように変更すると良いでしょう。

　なお、ES6 で定義されたスプレッド構文は ES9 にて引数や配列に対してだけで
なくオブジェクトに対しても利用可能になりました。これを利用すると、

```
const mergedInfo = Object.assign({}, cardInfo, shopInfo)
```

は、const mergedInfo = { ...cardInfo, ...shopInfo } に置き換え可能です。

問 4-23 (No.64) 年齢を消そう

次のプログラムは、オブジェクト member のプロパティ age を削除してから、その内容を表示するものである。空欄を埋めよ

```
const member = {
  id: 12345,
  name: "berry-burger",
  age: 23
}

  ①     member.age

console.log(member) // 出力例：{ id: 12345, name: 'berry-burger' }
```

問 4-24 (No.65) 名著

次のプログラムは、書籍情報を有するオブジェクトを要素として持つ配列 bookList から著者が「太宰治」の要素だけを抜き出し、その書籍タイトルを出力するものである。空欄を埋めよ。

```
const bookList = [
  {title: '人間失格', author: '太宰治'},
  {title: '銀河鉄道の夜', author: '宮沢賢治'},
  {title: '走れメロス', author: '太宰治'},
  {title: '吾輩は猫である', author: '夏目漱石'}
]

bookList.    ①    (book => book    ②    === '太宰治')
        .    ③    (book => console.log(book    ④    ))
                // 出力例（／は改行）：人間失格／走れメロス
```

解答 4-23

① delete

　演算子 delete を用いることで、オブジェクトから指定したプロパティを削除できます。

解答 4-24

① filter
② .author　または、['author']
③ forEach
④ .title　または、['title']

　本プログラムは「オブジェクトを要素として有する配列」が登場しますが、「数値や文字列を要素として有する配列」と同様に取り扱えます。

　配列の中から一定の基準を満たす要素を絞り込みたければ Array クラスの filter メソッドを、配列の先頭から末尾まで何らかの処理を繰り返し実行したければ Array クラスの forEach メソッドを用いることで実現できます。

■ JavaScript ミニ知識　entries メソッドの返り値で反復処理

　解答 4-20 では、キーと値をそれぞれ変数に代入して反復処理を行う方法を示しました。一方、forEach メソッドを使った以下のコードでも期待する実行結果を得ることができます。

```
Object.entries(monster)
    .forEach((entry) => {
      console.log(`${entry[0]} : ${entry[1]}`)
    })
```

　ただし、このコードからは「entry[0] がキー、entry[1] が値」であることが若干読み取りにくいという問題を抱えています。この問題への対応として、問題文のプログラムでは問 4-12 で登場した「分割代入」を利用しています。

問 4-25（No.66）　都市の色

★★
JavaScript

　次のプログラムでは、「都市」と「都市の色」の対応関係を Map クラスを用いて表現している。空欄を埋めよ。

```javascript
const sendai = { name: "仙台", population: 1_090_000 }
const saitama = { name: "さいたま", population: 1_320_000 }
const nagoya = { name: "名古屋", population: 2_330_000 }

const cityColorTable = new Map()
cityColorTable.    ①    (sendai, "blue")
cityColorTable.    ①    (saitama, "red")
cityColorTable.    ①    (nagoya, "orange")

console.log(`都市数 : ${cityColorTable.size}`)
for (const [city, color]    ②    cityColorTable) {
  console.log(`${city.name} : ${color}`)
}
cityColorTable.    ③    ()
console.log(`都市数 : ${cityColorTable.size}`)

// 出力結果
都市数 : 3
仙台 : blue
さいたま : red
名古屋 : orange
都市数 : 0
```

① set

② of

③ clear

　いわゆる連想配列に相当する仕組みとして JavaScript では Object が使われてきましたが、ES6 からは Map クラスも利用可能になりました。

　Map と Object は概念レベルでは似ているのですが、詳細レベルでは様々な違いがあります。大きな違いは、「Map はキーにどんな値でも指定できる一方、Object は文字列と Symbol しか指定できない」ことです。他にも、

- Object は Map よりも手軽に初期値を設定できる
- Map は反復可能であり、Object より手軽に「キーと値のペア」を走査できる
- Map は Object よりも手軽に「キーと値のペア」の数を得ることができる

等の違いが存在します。

　空欄①を含む 3 行は Map インスタンスに「キーと値のペア」を追加するコードです。Map インスタンスへ要素を追加する際にはメソッド set を用いる必要があります（第一引数がキー, 第二引数が値です）。

　空欄②を含む for ブロックは Map オブジェクトを先頭から走査するコードです。Map は反復可能なので for...of ステートメントによる走査が可能です。

　実行結果から、空欄③を含む行を実行することで Map オブジェクトの要素数が 0 になることが分かります。Map クラスのメソッド clear を呼び出すことで、呼び出し対象インスタンスから要素を一括削除できます。

問 4-26（No.67）　プロトタイプベースの OOP

★★
JavaScript

　次のプログラムは、JavaScript の「プロトタイプベースのオブジェクト指向プログラミング」のサンプルとして記述されたものである。プログラムの実行結果を予測せよ。

```javascript
function Bottle(max) {
  this.max = max
  this.amount = 0
}

Bottle.prototype.fill = function (water) {
    if (0 < this.max - (this.amount + water)) {
      this.amount += water
    } else {
      this.amount = this.max
    }
}

Bottle.prototype.showAmount = function () {
  console.log(this.amount)
}

const miniBottle = new Bottle(150)
for (let i = 0; i < 5; i++) {
  miniBottle.fill(40)
  miniBottle.showAmount()
}

// 実行例 （／は改行）:　[ ① ] ／ [ ② ] ／ [ ③ ] ／
[ ④ ] ／ [ ⑤ ]
```

解答 4-26

① 40

② 80

③ 120

④ 150

⑤ 150

const miniBottle = new Bottle(150) という一行で、次の性質を有するオブジェクト miniBottle が生成されます。

- プロパティ max を有し、その値は 150 である。
- プロパティ amount を有し、その値は 0 である。
- メソッド fill を有する。
  - 引数で指定された値だけ、プロパティ amount を増やす。
  - この際、プロパティ amount がプロパティ max の値を超えないように調整する。
- メソッド showAmount を有する。
  - プロパティ amount の値を出力する。

上記性質を有するオブジェクト miniBottle に対して、以下の処理を 5 回繰り返し実施するので、解答の実行結果が得られます。

- メソッド fill を実引数 40 で呼び出す。
- メソッド showAmount を呼び出す。

「プロトタイプベースのオブジェクト指向プログラミング」で適切なコードを記述するには多くの知識と注意力を要します。ES6 以降では「クラスベースのオブジェクト指向プログラミング」が可能になったので、特殊な事情がなければ「クラスベースのオブジェクト指向プログラミング」でのコーディングをおすすめします。

問 4-27 (No.68)　クラスベースの OOP

次のプログラムは、問 4-26 の内容を ES6 で導入された class 構文を用いて記述し直したものである。空欄を埋めよ。

```javascript
  ①    Bottle {
    ②    (max) {
    this.max = max
    this.amount = 0
  }
  fill(water) {
    if (0 < this.max - (this.amount + water)) {
      this.amount += water
    } else {
      this.amount = this.max
    }
  }
  showAmount() { console.log(    ③   .amount) }
}

const miniBottle =     ④     Bottle(150)
for (let i = 0; i < 5; i++) {
  miniBottle.fill(40)
  miniBottle.showAmount()
}
```

解答 4-27

① class

② constructor

③ this

④ new

ES6 では、他のメジャーなプログラミング言語と同様にクラスベースなオブジェクト指向プログラミングが可能になりました。

コード中、一番最初に登場するメソッドはその内容からインスタンスを初期化するためのメソッド＝コンストラクタであろうことが推測できます。コンストラクタの命名ルールはプログラミング言語により異なりますが、JavaScript では constructor と定められています。

また、メソッド内で自インスタンスのプロパティやメソッドを参照したい時には this キーワードを用いる必要があります。this の省略が許される言語も存在しますが、JavaScript は省略できないので注意してください。

■ JavaScript ミニ知識　少し未来の class 構文 (1)

ES6 でサポートされた class 構文は徐々に使われ始めていますが、そうなると他の言語に比べて存在しない機能が気になるところです。少し先の JavaScript の規格である「ECMAScript Proposal Stage3」では、クラス定義内で代入式を記述することで、C++、C#、Java のようにフィールドを記述できるようになります（以下のコードの max）。また、変数名やメソッド名に # を付けることで、private 指定が可能になります（以下のコードの #amount）。

```
class Bottle {
  max = 0
  #amount = 0
  constructor(max) {
    this.max = max
    this.#amount = 0
  }
}
```

問 4-28（No.69）　三角形の面積

次のプログラムは、ES6 以降で利用可能になった class 構文を用いて記述されている。空欄を埋めよ。

```
class Triangle {
  constructor(base, height) {
    this._base = base
    this._height = height
  }
  ①      base()          { return this._base }
  ①      height()        { return this._height }
  ①      area()          { return (this._base * this._height) / 2
}
  ②      base(base)      { this._base = base }
  ②      height(height)  { this._height = height }
}


const shape =    ③    Triangle(10, 20)
console.log(
  `底辺 ${shape.base}, 高さ ${shape.height}, 面積 ${shape.area}`)
shape.  ④  = 4
shape.  ⑤  = 5
console.log(
  `底辺 ${shape.base}, 高さ ${shape.height}, 面積 ${shape.area}`)

// 結果
底辺 10, 高さ 20, 面積 100
底辺 4, 高さ 5, 面積 10
```

解答 4-28	① get	④ base
	② set	⑤ height
	③ new	

　C# など一部の言語で採用されているゲッター/セッターを JavaScript の class 構文でも利用できます。ES6 で導入された class 構文では get/set を付与したメソッドがゲッター/セッターとなり、あたかも通常のプロパティの感覚で呼び出せるようになります。ゲッター/セッターは便利で重宝しますが、プロパティ名とゲッター/セッターの名称が重複すると実行時エラーが発生してしまいます。そのため、例えば問題文のプログラムのようにプロパティに接頭辞として _ を付与するなどの工夫を施して名称の衝突を防止する必要が生じることがあります。

■ JavaScript ミニ知識　関数型プログラミングのススメ

　本章の問題で頻繁に登場した forEach メソッドのような高階関数を活用するプログラミングスタイルを「関数型プログラミング」と呼ぶこともあります。ここ最近、C++ や Java などのメジャーな言語が「関数型プログラミング」を可能にする言語仕様や API を積極的に拡充するようになってきました。また、2010 年代登場したニューフェースな言語 (Kotlin、Swift、Rust) も「関数型プログラミング」をサポートしています。こういったムードも後押ししてか、一般的なソフトウェア開発の現場にも徐々に関数型プログラミングが普及してきています。最近は、関数型プログラミングを前提とした OSS ライブラリも当たり前のように登場し広がりを見せています。

　関数型プログラミングの良さについては諸説ありますが、著者としては、「副作用の少ないプログラム」を書きやすくなる、という点を強く推します。単に目の前の問題を解決するだけならば、高階関数を使わずとも済んでしまうことは多いと思いますが、油断して使わないでいると、副作用大盛りのプログラムを大量生産してしまいがちです。そういった事態を避ける手段として、関数型プログラミングがうまく機能する印象を持っています (あくまで個人の感想です)。

　学び始めの頃は難しく感じるかもしれませんが、新しいパラダイムを獲得することが無駄になることは少ないと思いますので、是非頑張ってみてください。

問 4-29（No.70）　装飾ラベル　★★　JavaScript

次のプログラムは、ES6 以降で利用可能になった class 構文を用いて記述されている。

Label クラスはコンストラクタの引数で渡された文字列をプロパティ text に記憶し、メソッド show が呼び出されるとその文字列を表示する。DecorationLabel クラスは Label クラスのサブクラスとして定義されており、メソッド show がオーバーライドされている。空欄を埋めよ。

```javascript
class Label {
  constructor(text) { // 引数は半角英数のみで、それ以外の文字は消去する
    this.text = text.  ①  (/[^A-Za-z0-9]/g, "")
  }
  show() {
    console.log(this.text)
  }
}


class DecorationLabel  ②  Label {
  constructor(text) {  ③  (text) }
  show() {
    const line = "@".repeat(this.text.length + 3)
    console.log(`${line}\n@${this.text}@\n${line}`)
  }
}


const baseInstance = new Label("Apple")
baseInstance.show() // 出力例：Apple
const subInstance = new DecorationLabel("Donut")
subInstance.show()  // 出力例：@@@@@@@
                              @Donut@
                              @@@@@@@
```

解答 4-29

① replace　　　　　　　③ super

② extends

　本プログラムは、（クラスベースの）オブジェクト指向プログラミングにおける継承、ポリモーフィズムを利用しています。

　JavaScript ではクラス間の継承関係を extends キーワードを用いて表現します。また、「サブクラスのコンストラクタ」内で「スーパークラスのコンストラクタ」を呼び出したい時には super キーワードを用います。

■ JavaScript ミニ知識　少し未来の class 構文 (2)

　前のミニ知識で紹介した「フィールド」「private 指定」を用いると、「名称の衝突を防止するための接頭辞付与」は不要になります。「パスワードが合致しないと開かない金庫 (SafetyBox)」を例として説明します。一見すると、「名称の衝突を防止するために付与する接頭辞」を「_」から「#」に変更してコーディングしているだけのようにも見えます。ただし、「#」は「private」であることを意味するので、#isLocked、#password は他のクラスからは直接アクセスできないようになっているという点で、大きな意味の違いが出てきます。isLocked にはセッターを用意していないので外部からの直接的な値変更はできません。private 指定を活用することで、いわゆる「情報隠蔽」を実現しやすくなります。まだ Proposal の段階なので実際に利用できるようになるのはもう少し先の未来ですが、その日が来るのが楽しみですね。

```javascript
class SafetyBox {
  #isLocked = true // 開いているか否か
  #password = '' // パスワード（コンストラクタで初期化される）
  constructor(password) { this.#password = password }
  unlock(password) {
    if(this.#isLocked && password === this.#password) {
      this.#isLocked = false
    }
  }
  get isLocked() { return this.#isLocked }
}
```

問 4-30 (No.71)　class 構文を用いた配列の機能拡張　★★★ JavaScript

　次のプログラムは、配列（Array クラス）のサブクラス CustomArray を定義し、
それを利用している。CustomArray クラスに定義されている average メソッドは
「配列内の要素の平均」を算出するものだが、Object などの数値以外の値が要素に
なりうる状況を想定して、「各要素の値を算出するアルゴリズム」をコールバック
関数として受け取れるように定義されている。空欄を埋めよ。

```javascript
class CustomArray   ①   Array {
  average(callback) {
    const total = this.reduce(
      (total, currentItem) => total +  ②  (currentItem),  ③  )
    return (0 < this.  ④  ) ? total / this.  ④   : 0
  }
}


const numbers = new CustomArray(3, 9, 6 , 4, 8)
const averageNumber = numbers.average(number => {
  return number
})
console.log(`[平均] ${averageNumber}`) // 出力例 : [平均] 6


const students = new CustomArray(
  { name: "加藤", score: 60 },
  { name: "高山", score: 90 },
  { name: "藤野", score: 30 }
)
const averageScore = students.average(student => {
  return student.score
})
console.log(`[平均点] ${averageScore}`) // 出力例 : [平均点] 60
```

① extends

② callback

③ 0

④ length

「配列の要素は数値のみ」と限定して良いのであれば、average メソッドのアルゴリズムは以下のようになります。

```
const total = this.reduce(
  (total, currentValue) => total + currentValue, 0)
return total / this.length
```

しかしこの問題では、「配列の要素は数値以外もあり得る」状況でも機能する average メソッドが期待されています。そのために average メソッドには「各要素の値を算出する関数」を「引数 callback」として受け取れるようにしています。よって、reduce メソッド呼び出し部分は以下のようにすると良いでしょう。

```
const total = this.reduce((total, currentItem) => {
    const currentValue = callback(currentItem)
    return total + currentValue
}, 0)
```

上記コードを簡略記述すると問題文のプログラムとなります。

ブラウザー環境

　JavaScript のプログラムをブラウザーで実行すると、いくつかのオブジェクトが最初から用意されています。ブラウザー環境に特有のそれらのオブジェクトを利用することで、ユーザーの利用環境など様々な情報を得ることができます。

5.1　ブラウザーのウィンドウに対応した window

　ブラウザーでページ表示をする時、ウィンドウあるいはその中のタブに表示されます。それに対応するオブジェクトがグローバル変数の window に設定されています。言い換えれば、window というプログラム内の記述は、現状のウィンドウ（タブ）そのものを参照するものとして、ブラウザーで JavaScript を実行する時には何の準備もなくプロパティを読んだり、メソッドを適用して処理ができます。window と同等のインターフェイスを持つオブジェクトとしては、iframe タグによるオブジェクトがあります。window で利用できるプロパティとメソッドはかなりたくさんありますが、よく利用されるものを次の表に掲載します。また、イベントについても代表的なものを表にまとめました。イベントについては、Chapter 6 で詳しく説明します。いずれも全ての機能を紹介することは紙面の関係で難しいので、詳細は Web サイトなどを検索してください。

■ window で利用できる代表的なプロパティとメソッド

分類	プロパティ（識別子のみ）とメソッド（() 付き）
名前や状態	name closed devicePixelRatio
画面情報	screen
ウィンドウ処理	parent opener open() close() print() focus()
位置や大きさ	innerHeight innerWidth outerHeight outerWidth screenX screenY moveBy() moveTo() resizeBy() resizeTo()
スクロール	scrollX scrollY scroll() scrollBy() scrollTo()
アクセス履歴	history
接続先の情報	location
ブラウザー情報	navigator
DOM モデル	document[Chapter 7 で解説]
ダイアログ表示	alert() confirm() prompt()
タイマー処理	setInterval() setTimeout()
選択範囲の取得	getSelection().toString()
メッセージのやり取り	postMessage()
コンソール	console[Chapter 1 で解説]
ストレージ	localStorage sessionStorage

■ window で利用できる代表的なイベント

分類	プロパティ（識別子のみ）とメソッド（() 付き）
コンテンツ	load DOMContentLoaded beforeunload unload
操作等	focus blur error beforeprint afterprint
コピー＆ペースト	cut copy paste
Promise の reject	rejectionhandled unhandledrejection
状態変更	languagechange offline orientationchange pagehide pageshow
メッセージ到着時	message messageerror
URL の書き換え時	hashchange popstate
ストレージ変更時	storage

　プロパティやメソッドについては、window.open() のように、プログラム内でいきなり記述することが可能です。加えて、多くの場合は window. の部分を省略して、open() のように記述することもできます。つまり、適用するオブジェクトが記述されていない場合のデフォルトのオブジェクトが window なのです。そのため、ダイアログボックスを表示するような alert などのメソッドはよく単独で使われます。

5.2 ブラウザーが稼働する画面

window オブジェクトの **screen** プロパティで得られるオブジェクトには、ブラウザーのウィンドウのさらに外側に相当する画面に関する情報を得ることができます。代表的なメソッドとプロパティを表にまとめます。実際の画面サイズは、availWidth と availHeight プロパティで得られるので、ブラウザーのウィンドウを画面いっぱいに配置したい場合などに、このプロパティをもとに計算したサイズにウィンドウの大きさや位置を設定するようなことが行われます。

■ screen で利用できる代表的なプロパティとメソッド

分類	プロパティ（識別子のみ）とメソッド（() 付き）
縦横の長さ	height width availWidth availHeight
画面の属性	colorDepth orientation pixelDepth
画面の方向	lockOrientation() unlockOrientation()

5.3 ブラウザー自体の情報

window オブジェクトの **navigator** プロパティで得られるオブジェクトには、ブラウザー自体の情報やユーザーの情報が保存されています。単独で navigator と記載され window. は省略されることが多いでしょう。このオブジェクトに関する代表的なプロパティやメソッドを以下の表に示します。特に、userAgent や language プロパティは、ブラウザーのサポートバージョンを得たり、表示言語を得ることなどによく利用されます。なお、navigator オブジェクトでは古い時代に使った非推奨の機能や、実験的な機能がかなりたくさんあります。現状のブラウザーで使える機能かどうかは随時チェックが必要です。

■ navigator で利用できる代表的なプロパティ

分類	プロパティ
ユーザーエージェント	userAgent
位置情報	geolocation
言語	language languages
オンライン	onLine
クリップボード	clipboard
クッキー利用可否	cookieEnabled
サービスワーカ	serviceWorker
ブラウザーのベンダー	vendor vendorSub

5.4　URL に関する情報

　現在のページの URL については window.**location**、参照履歴については window.**history** で得られます。これらのオブジェクトの代表的なプロパティやメソッドを以下の表に示します。location は現在のページの URL を分解したプロパティがあるので、部分的な URL 情報を得る場合に便利です。また、別のページに移動する場合は、href プロパティに URL の文字列を代入します。history は戻るなどの作業をプログラムで行いたい場合などに利用します。

■ location で利用できる代表的なプロパティとメソッド

分類	プロパティ（識別子のみ）とメソッド（() 付き）
URL 全体	href　origin　assign()　replace()
URL の一部	hash　host　hostname　password　pathname　port　protocol　search　username
再描画（更新）	reload()

■ history で利用できる代表的なプロパティとメソッド

分類	プロパティ（識別子のみ）とメソッド（() 付き）
状態	length　scrollRestoration　state
ヒストリ内を移動	back()　forward()　go()
ヒストリ情報を修正	pushState()　replaceState()

5.5　JavaScript プログラムの読み込み

　JavaScript のプログラムは、HTML の **script タグ**を付けて記述し、ページ内あるいはヘッダ読み込み時に実行させることができます。加えて、JavaScript のプログラムを拡張子 .js ファイルに保存し、ヘッダにある script タグで読み込ませる方法がよく取られます。こうすることで、HTML と JavaScript のプログラムを別々のファイルに記述できるからです。この時、src 属性で .js ファイルの URL を指定します。他の属性も昔はありましたが、現在はほぼ src 属性のみで OK です。ファイルを読み込んだ場合は、script タグの開きタグの後に閉じるタグをすぐに記述することになります。script タグについては閉じタグが省略できないので、</script> は必ず記述しなければなりません。

```
// ボディやヘッダ部でのJavaScriptの直接の実行
<script>window.alert("Watch me!")</script>
// ヘッダ部でのJavaScriptファイルの読み込み
<script src="myprogram.js"></script>
```

　なお、script タグ内部やファイルの内部のグローバルスコープのプログラムは、読み込むとその場で実行されると考えてください。基本は関数などでプログラムをまとめておくのが基本で、関数内は呼び出されるまで実行されません。ファイルが多数になってくると、グローバルスコープでの実行処理の順序によって動作したりしなかったりという場合もありますので、各コードのグローバルスコープの記述は統合的にチェックする必要があります。

　JavaScript で記述された他のファイルを取り込んで利用することも可能です。この方法を使えば、プログラム上で動的に他のファイルを取り込めるので、状況判断して読み込みの可否を決めるようなことも可能です。なお、他のファイルの取り込みは、Chapter 9 で説明する Node.js とブラウザーでは記述が大きく変わります。ここでは、ブラウザー側での利用方法を説明します。

　まず、取り込まれたいファイルでは、**export** を記述します。これによりファイルの中の関数やクラス定義、オブジェクトなどを別のファイルで利用できるようにします。export は様々な記述がありますが、function の前に宣言したり、export { 関数名 , ...} の記述で複数の関数をまとめて利用できるようにするような記述がまずは分かりやすい記述です。定義名と公開名を違うものにすることもできます。

　一方、取り込む側は **import** を利用します。この import を利用する .js ファイルを読み込む時には、HTML 側の script タグで type 属性を指定し、値を "module" にしておく必要があります。ファイルの冒頭などに import と記述し、その後に export と同様な { 関数名 , ...} という記述を行い、続いて「from ファイルへのパスや URL」と記載するのが分かりやすい記述でしょう。パスや URL は同一のフォルダーであっても、./ などの記述が必要になり、単にファイル名だけを書くことではエラーになります。何らかのパス要素を入れる必要があります。これで、export で公開したいくつかの関数などを、同一名で import 側で利用できるようになります。import は関数としても利用でき、引数には取り込むファイルへのパスや URL を示す文字列を設定します。

5.6　本章のプログラムの実行方法

　この章のプログラムのうち問 5-1 〜 5-9 は、ブラウザー上で稼働しないと利用できないプログラムばかりです。HTML ファイルを作成し、その中にヘッダあるいはボディの最後などに script タグを記述して、そこにプログラムを書くことで動作確認は可能です。あるいは、プログラムを .js ファイルに作成し、HTML ファイルからはその js ファイルを script タグで読み込むようにすることでも動作させることができます。ただし、問 5-10 については、js ファイルを 2 つ作り、HTML ファイルも作成することを前提としており、ファイル名も問題で指定されていますので、問題に従ってファイルを作成してください。いずれもブラウザーで HTML ファイルを開いて実行できます。もしくは、配布している問題ファイルをご利用ください。

問 5-1 (No.72)　問と答えを配列から得る

次のプログラムをブラウザーで実行すると、「ルイという名の猫はあなたが飼っていますか？」とアラートが表示され、「キャンセル」をクリックすると「ルイという猫を飼っていません。」と表示されるようにしたい。空欄を埋めよ。猫の名前は最初の変数を利用すること。

```javascript
const catName = 'ルイ'
qItem = {
  question: `$    ①    という名の猫はあなたが飼っていますか？`,
  answer: [
    `$    ①    という猫を飼っていません。`,
    `$    ①    という猫を飼っています。`
  ]
}
const result = window.confirm(    ②    )
window.alert(    ③    )
```

問 5-2 (No.73)　ブラウザーを判定する

以下のプログラムは、Internet Explorer であれば、「Internet Explorer では使用できません」とだけ表示をして何もしないプログラムである。Internet Explorer でない場合は別の URL へ移動することを想定するが、ここでは簡単のためコンソールに「別の URL へ移動」と表示することにする。目的に合うように空欄を埋めよ。

```javascript
const ua =     ①
if (ua.match(/    ②    /) || ua.match(/    ③    /)) {
  window.alert("Internet Explorerでは使用できません")
} else {
  console.log("別のURLへ移動")
}
```

解答
5-1

① {catName}

② qItem.question　または、qItem['question']

③ qItem.answer[result ? 1 : 0]　または、qItem.
　 answer[result]

　alert や confirm は手軽にダイアログボックスを表示できます。ブラウザー内の他の操作を受け付けなくなるモーダルな動作である点は考慮しなければなりません。この問題は単に問と答えを得るだけですので、これらのメソッドを利用します。問と答えはオブジェクトにあり、さらに答えに応じた応答を配列で指定しています。その内部はテンプレートテキストで変数の内容を展開した文字列を指定しています。confirm メソッドでは「OK」ボタンと「キャンセル」ボタンを表示し、クリックしたボタンに応じて true か false が返されます。それを変数に入れておき、次の alert メソッドで配列 qItem.answer のどちらかを表示します。インデックスとして result を直接指定するだけでもこのプログラムは稼働しますが、「論理値を整数に変換する」点を明示したいのなら、解答の最初のような三項演算子を利用する方が分かりやすいでしょう。

解答
5-2

① navigator.userAgent

② MSIE

③ Trident　②と③は逆でも正解

　ユーザーが利用しているブラウザーの種類は、ブラウザーからのリクエストにある User-Agent キーの値に入っています。JavaScript では、既存の navigator オブジェクトの userAgent プロパティで、リクエストに含まれている値が得られます。もちろん、必ずしもそれが正しいとは限りませんが、普通はブラウザーの既定値を利用しているはずです。Internet Explorer かどうかの判定では、「MSIE」ないしは「Trident」という文字が入っているかどうかで検索できます。常に両方の文字が存在するわけではなく、バージョンによっては一方だけが入っている場合があります。ただし、Internet Explorer 以外では、どちらの文字列も入っていないので、これらがどちらかでも文字列に含まれていれば Internet Explorer と判断できます。なお、Trident とは Internet Explorer の HTML レンダリングエンジンのことです。

問 5-3（No.74）　身長と体重を入力して BMI を求める

★★
JavaScript

　以下のプログラムは、ダイアログボックスを表示して、身長と体重の入力を求め、それをもとに BMI（体重 [kg] ÷（身長 [m] の 2 乗））を小数点以下 2 桁目で四捨五入した数値で求める。そして、それをもとに肥満度（〜18.5 は低体重、〜25 は普通体重、〜30 は肥満 1 度、〜35 は肥満 2 度、〜40 は肥満 3 度、それ以上は肥満 4 度／〜は「より小さい」を意味する）の判定を行い、それらをダイアログボックスで表示している。ダイアログボックスでは数値が入力されることを前提とする。空欄を埋めて、正しく BMI を求めて判定結果が表示されるようにすること。

```
const tall = window.    ①    ('あなたの身長は何cmですか？')
const weight = window.    ①    ('あなたの体重は何kgですか？')
if (    ②    ) {
  const bmi =    ③
  const borders = [18.5, 25, 30, 35, 40]
  const result = ['低体重', '普通体重', '肥満1度',
                  '肥満2度', '肥満3度', '肥満4度']
  let judge = result[    ④    ]
  for (let i = 0; i < borders.length; i++) {
    if (    ⑤    ) {
      judge = result[i]
      break
    }
  }
  const m = `あなたのBMI指数は ${bmi} です。判定は ${judge} です。`
  window.alert(m)
} else {
  window.alert('入力していない項目があります。')
}
```

解答 5-3

① prompt

② tall && weight

③ Math.round(weight / (tall / 100) ** 2 * 100) / 100

④ result.length - 1

⑤ borders[i] > bmi

解答のうちいくつかの式については同じ結果になる式ならもちろん正解です。

　まず最初に入力可能なダイアログボックスを表示するために、prompt メソッドを利用します。入力した値はメソッドの返り値から得られます。「キャンセル」を押すと false が返るので、2 つの prompt メソッドの返り値をそれぞれ変数 tall と weight に代入しておきます。引き続く if 文では条件に合わない場合には「入力していない」というメッセージになるので、tall と weight を && で結んでいずれも false ではないという条件を設定すれば、両方とも入力しているかどうかが判定できます。もちろん、体重、身長とも 0 ということはあり得ないので、現実的な数値が入力される前提で考えています。

　BMI の計算は公式の通りですが、身長の単位は m なので、入力値を 100 で割る必要があります。2 乗は ** 2 で計算できます。そして、BMI の値を元に、100 倍した値に対して Math.round で四捨五入をして、さらに 100 で割ることで小数点以下 2 桁での四捨五入となるようにしています。これは Chapter 1 でも問題として紹介しました。

　最後の判定は、境界値が配列 borders、領域の下からの判定名称が配列 result に入っています。borders は 5 要素、result は 1 つ多く 6 要素になっています。ここで、for を利用して borders を順番に見ていき、最初に bmi の値を超えるのが何番目かを求めます。例えば、BMI が 21 だと、i=1、つまり borders を順番に見た時に 2 番目の値が最初に BMI を超えることになります。このインデックスをそのまま配列 result に当てはめて 2 番目の要素を見ると「普通体重」になります。この方法だと、40 を超える BMI の場合に条件に合致しません。そこで、判定変数の初期値を最後の「肥満 4 度」に設定してから、borders を順番に見ることで、全ての範囲でのチェックが可能になります。

問 5-4 (No.75)　利用している OS を判定する ★ JavaScript

　以下のプログラムは、ユーザーの PC の OS が Windows 8 より以前のバージョンであれば、「Windows 8 以上を利用してください」とだけ表示をして何もしないプログラムである。Windows 8 以降あるいは他の OS の場合は別の URL へ移動することを想定するが、ここでは簡単のためコンソールに「別の URL へ移動」と表示することにする。目的に合うように空欄を埋めよ。

```
const ua = [   ①   ]
const check = ua.match(/[   ②   ]/)
if (check && check.length > 1 && [   ③   ]) {
  window.alert("Windows 8以上を利用してください")
} else {
  console.log("別のURLへ移動")
}
```

問 5-5 (No.76)　ブラウザーで設定されている国 ★ JavaScript

　以下のプログラムは、ユーザーのブラウザーでの言語の設定が日本語でない場合には、「Please set the language of your browser to Japanese.」とだけ表示をして何もしないプログラムである。日本語でない場合は別の URL へ移動することを想定するが、ここでは簡単のためコンソールに「別の URL へ移動」と表示することにする。目的に合うように空欄を埋めよ。

```
const lang = [   ①   ]
const langIds = [   ②   ]
if (langIds.indexOf("JA") > -1 || langIds.indexOf("JP") > -1) {
  console.log("別のURLへ移動")
} else {
  window.alert("Please set the language of your "
               + "browser to Japanese.")
}
```

① `navigator.userAgent`

② `Windows NT ([^;]+);`

③ `parseFloat(check[1]) < 7`　または、同等な条件式

　ユーザーが利用している OS の種類は、ブラウザーからのリクエストにある User-Agent キーの値に入っています。navigator オブジェクトの userAgent プロパティで、リクエストに含まれている値が得られます。もちろん、必ずもそれが正しいとは限りませんが、普通はブラウザーの既定値を利用しているはずです。OS の種類は特定のキーワードと引き続くバージョン番号から取得できます。Windows 7 だと「Windows NT 6.1;」、Windows 8 だと「Windows NT 6.2;」、Windows 8.1 だと「Windows NT 6.3;」、Windows 10 だと「Windows NT 10.0;」という文字列が含まれているはずです。そこで、match の正規表現ですが、「Windows NT 」の後に数値が並んでいるとして、その値を取り出します。ここでは「引き続くセミコロン以外の文字列」を取り出していますが、同様な結果になるのであれば、別の解答でももちろん構いません。match メソッドの返り値の配列のインデックス 1 が、正規表現の括弧内でマッチした文字列になるので、「6.1」「6.2」といった文字列が得られるはずです。これを parseFloat 関数を使って数値に直して、ある値よりも小さい場合には Windows 8 より以前のバージョンであると判断しています。判定は「7 より小さい」ですが、8 でも 10 でももちろん意図通りに稼働します。

解答 5-5

① `navigator.language`

② `lang.toUpperCase().split("-")`

　ユーザーが利用できる言語は、ブラウザーからのリクエストにある Accept-Language キーの値に入っています。サーバーは実際にレスポンス可能な言語をそこから選択してレスポンスに含めます。その値が navigator オブジェクトの language プロパティです。この値は、言語コード（日本の場合は ja）や国名コード（日本の場合は JP）を「-」でつなげた文字列か、あるいは言語コードだけの場合が一般的です。ジャワ語の場合の「jav」のような似た単語はありますが、ja あるいは JP が単語として含まれているかどうかを検索すれば、日本語かどうかの判定が可能です。そのため、文字列に対して split メソッドを適用し、「-」の前後の単語を配列に入れて、その配列の要素として "JA" か "JP" があるかどうかを判定しています。念のため、判定は全部大文字で行うようにしています。

問 5-6（No.77）　パラメーターを変更してページアクセスする ★★
JavaScript

　あるページに接続した時、URL のパラメーターにあるキーのうち、__ あるいは
test_ で始まるキーの指定を取り除き、別の URL に移動したいとする。移動先へ
のアクセスでは元のページへのプロトコル、ポート、パスは同一で、ホスト名が
変数 movingHost で与えられているとする。なお、別のページに移動する場合にパ
ラメーターは必ず 1 つ以上存在すると仮定して良い。そのような動作のページを
JavaScript で作成する場合、根幹部分のプログラムは以下のようになる。空欄を
埋めよ。

```
const excludePrefix = ["__", "test_"]
const movingHost = "msyk.net"

const destHost = `${movingHost}${    ①    }`
let url = `${location.protocol}//${destHost}${location.pathname}?`
const params = location.search.    ②
let newParams = []
for (let i = 0; i < params.length; i++) {
  let isMatch = true
  for (let j = 0; j < excludePrefix.length; j++) {
    if (params[i].indexOf(excludePrefix[j]) === 0) {
      isMatch = false
    }
  }
  if (isMatch) {
    newParams.    ③
  }
}
url +=     ④
console.log(url) // 結果の確認用
    ⑤            // 実際にページを移動する
```

① `location.port?`:${location.port}`:""`

② `substring(1).split("&")`

③ `push(params[i])`

④ `newParams.join("&")`

⑤ `location.href = url`

　現在の URL は、location オブジェクトより得られます。ここで、ポート番号を示す port プロパティを指定していない場合は `""` になります。指定がある場合だけコロンとその番号、指定がない場合には何もないようにするには、三項演算子を利用しますが、解答ではテンプレート文字列の中にさらにテンプレート文字列があるような記述になります。このようなネストしたテンプレートでも問題なく展開されます。

　クエリー文字列は location オブジェクトの search プロパティから得られます。ただし、？以降の全ての文字があるので、まずは最初の？を取り除くために substring(1) メソッドを適用し、さらに個別のパラメーターに分離するために split("&") を利用しています。これで、配列 params に 1 つひとつのパラメーターが得られます。ここで、キーの最初にあるかどうかを確認する文字列が配列 excludePrefix にあるので、それぞれのパラメーターについて、excludePrefix の各要素が最初にあるかを確認します。この場合、特にキーと値に分離しなくても、キーの頭にこれらの文字列があるかどうかは判定できるので、キーと値、しかもエンコードした状態のまま判定をしています。excludePrefix の要素の文字列がキーの最初にある場合、変数 isMatch は false になります。変数 isMatch が true であれば、配列 newParams の要素に push で追加します。こうして配列 newParams に要件に合ったパラメーターが蓄積されるので、それらを & で結んだ 1 つの文字列にするために、join("&") を適用します。そして、変数 url に追加します。

　別の URL に移動するためには、location.href に URL の文字列を代入します。

問 5-7（No.78）　ウィンドウを開く・閉じる

★★★
JavaScript

Q5-07.html というページには 2 つのボタンがあり、「開く」ボタンは以下の openWindow 関数を、「閉じる」ボタンは closeWindow 関数を、onclick 属性から呼び出すものとする。「開く」ボタンを押して開いたウィンドウが閉じられていない場合には、元のウィンドウの「閉じる」ボタンで閉じるようにしたい。また、「閉じる」ボタンは自身のウィンドウを閉じるようにも動かしたい。空欄を埋めよ。

```
let openedWindow = null

function openWindow() {
  openedWindow = window.open("Q5-07.html")
}

function closeWindow() {
  if (openedWindow &&      ①      ) {      ②      .close() }
  else {      ③      .close() }
}
```

問 5-8（No.79）　ページを閉じる時に確認する

★★
JavaScript

以下のプログラムはページを開いて中身がロードされてレイアウトされた直後に呼び出される。空欄を埋めて、このページを閉じる時に確認ダイアログボックスが表示されるようにせよ。

```
window.addEventListener("load", (event) => {
  console.log(event)
  window.      ①      = (e) => {
    e.preventDefault()
    e.      ②      = "unload"
  }
})
```

解答 5-7

① `!openedWindow.closed`

② `openedWindow`

③ `window`

　window オブジェクトの open メソッドで、引数の URL のページを新たなウィンドウで表示できます。その時新たに生成したウィンドウへの参照が返されるので、その参照をグローバル変数の openedWindow に記録しています。したがって、window ≠ openedWindow です。また、あるウィンドウで新たにウィンドウを開くと、下からあるウィンドウ側のページの openedWindow の値は新たに開いたウィンドウになっていますが、新たに開いたウィンドウ側のページの openedWindow は null のままです。ややこしいですが、ページごとにスコープが分離されることと結び付けてください。

　元のウィンドウの「閉じる」ボタンで開いたウィンドウを閉じたいので、openedWindow が null でなければそのウィンドウを閉じれば良いでしょう。したがって、②は openedWindow なのですが、その前に、そのウィンドウが閉じられていないかどうかを closed プロパティを使って確認しているのが①に相当する箇所です。open で開かれたウィンドウ自身が閉じられてしまった場合（例えば最後に開いたウィンドウの「閉じる」ボタンをクリックする）、開いた元のウィンドウ側の openedWindow は null にはなりません。自身で閉じてしまった場合には、「閉じる」ボタンにより自分自身を閉じるという動作になるので、③は自身のウィンドウ window を指定します。

解答 5-8

① `onbeforeunload`

② `returnValue`

　ページを閉じる時、フォームの入力中のような場合にいきなり閉じてしまうと、入力途中のデータがなくなってしまいます。そういうことを阻止できるように、ウィンドウには beforeunload というイベントが定義されています。ただし、動作は非常に限定的です。beforeunload イベントのハンドラーでは、引数に渡されたイベントオブジェクトの returnValue プロパティに何らかの文字列を入れることで、ウィンドウを閉じるかどうかを問い合わせるダイアログボックスが表示され、「キャンセル」ボタンを押せばページは閉じられずそのままになります。他にも様々な制約がありますが、それでも、とにかく閉じられては困るという場合にはこのハンドラーを利用するしかありません（問 5-10 の解答ページにある JavaScript ミニ知識も参照してください）。

問 5-9（No.80）　Canvas を利用する

以下のプログラムは、ページ内にある id 属性が mycanvas の canvas タグ（width=500, height=150）の表示領域に、同じフォルダーにある cat.jpg という画像のファイルを 30 個ランダムに配置するものである。実行例を示すが、そのような動作になるように空欄を埋めよ

```javascript
window.addEventListener("load", () => {showTooMuchPhotos()})

function showTooMuchPhotos() {
  const canvas = document.getElementById("mycanvas")
  const gContext = [　①　]
  gContext.fillStyle = "yellow"
  gContext.fillRect(0, 0, canvas.width, canvas.height)
  const image = new [　②　]
  image.src = "cat.jpg"
  image.onload = () => {
    let imageX, imageY
    const imageW = canvas.width / 10;
    const imageH = image.height * imageW / image.width
    for (let i = 0; i < 30; i++) {
      imageX = Math.random() * (canvas.width - imageW)
      imageY = Math.random() * (canvas.height - imageH)
      gContext.[　③　](image, imageX, imageY, imageW, imageH)
    }
  }
}
```

解答 5-9

① `canvas.getContext('2d')`

② `Image()`

③ `drawImage`

Canvas は、JavaScript を利用して、自由にグラフィックスの描画ができるので、単に画像を表示する以外の様々な利用が考えられます。HTML 側には canvas タグを配置し、幅や高さを width、height 属性で指定し、そして JavaScript 側から利用できるように id 属性も指定しておきます。id 属性からタグ要素を参照する詳しい方法は、Chapter 6 で説明します。canvas タグの要素から、①のように getContext('2d') によって、グラフィックス描画可能なオブジェクトを取り出します。この getContext メソッドの返り値のオブジェクトに対してメソッドを適用することで、Canvas 領域内に描画をすることができます。例えば、長方形の領域を塗りつぶしたい場合は、fillRect メソッドを使います。塗りつぶす色は fillStyle プロパティに色名などで代入します。このように getContext の返り値に対してメソッドやプロパティを利用していけば良いのです。

Canvas 内に画像ファイルを描画するには、まず、②のように new Image() によって画像オブジェクトを用意します。この段階では画像そのものはまだ割り当てられていません。この Image オブジェクトは、事実上 img タグ要素をオブジェクトとして見たものと考えてよく、src 属性に URL を指定すれば、画像データがロードされます。ここでは、ロードした後に実際に描画できるように、Image オブジェクトの load イベントハンドラーに無名関数を割り当てています。src 属性に値を設定した直後に描画の処理を書いた場合、ロードが終わるよりも先に描画を始めてしまいます。そこで、load イベントの処理として描画を記述します。ハンドラー内は、同じ画像を 30 回描画しますが、いろいろな場所に描画したり、画像の幅は Canvas 領域の幅の 10% にして、高さは縦横比が変わらないようにするなど、細かいグラフィックスの処理も組み込んであります。そして、座標が決まると③にあるように drawImage メソッドを使って描画を行います。このメソッドは引数の指定方法でいくつかのパターンがありますが、この方法は、画像、描画する位置の x 座標と y 座標、そして幅と高さを指定するものです。

実は、Canvas についてはそれだけでも書籍 1 冊分の情報があるくらい機能豊富な仕組みです。本書では、JavaScript を学習する方にそういう機能もあるのだということを知っていただきたく、あえて 1 問だけ基本的な穴埋め問題を入れた次第です。

問 5-10 (No.81)　ライブラリのインポート

問 5-9 で作成した関数を Q5-10-lib.js というファイルにコピーし showPics という関数を作った。特に書き直しはしていない。このファイルをいろいろなページで使いまわせるよう、インポートして利用できるようにしたい。以下の空欄を埋めよ。まず、Q5-10-lib.js は次のような内容である。

```
function showPics() {
  // 内容は問5-9と同一
}
```

```
    ①        { showPics }
```

HTML ページのヘッダでは、以下の Q5-10.js ファイルが読み込まれる。ページのロードが終了すると、関数 showPics が呼び出されて、猫の写真がランダムに 30 回描画される。

```
    ②      {    ③    } from     ④

window.addEventListener("load", () => {showPics()})
```

HTML ページでは、問 5-9 と同様に id 属性が mycanvas の canvas タグ要素が組み込まれている。また、ヘッダでは Q5-10.js ファイルが読み込まれている。

```
// ヘッダ部
<script src="Q5-10.js" type="    ⑤    "></script>
// ボディ部
<canvas id="mycanvas" width="500" height="150">
```

HTML ファイル、Q5-10-lib.js、Q5-10.js、そして画像ファイルは全て同じフォルダーに存在するものとする。また、いずれのファイルも何らかのウェブサーバーで問題なく公開されていて、クライアントからは各ファイルに接続してダウンロードできるものとする。

解答 5-10	① export
	② import
	③ showPics
	④ "./Q5-10-lib.js"
	⑤ module

　関数やクラス定義などをライブラリとして定義し単独のファイルで提供する場合、その中で、①のように export を使って外部から利用できるものの識別子を公開します。export は様々な記述方法ができますが、ここでは内部で定義した 1 つの関数を同名で利用できるようにしたものです。この export が含まれるファイルを、②のように import でロードします。そうすれば、ここでは showPics 関数が import したファイルの方でも利用できるようになります。import も様々な記述が可能ですが、まず、④のように from で読み込むファイルの URL を指定します。ここでは同一のフォルダーだから "Q5-10-lib.js" で良いかと思われますが、それは許されておらず、同一フォルダーならばパスの頭に ./ が必要です。パスが異なる場合には相対パスあるいは Web ドキュメントからのパスなどファイル名以外の情報を明示しないといけません。import を行う .js ファイルを script タグで読み込む時には、そのタグの type 属性に⑤のように module を指定しなければなりません。

■ JavaScript ミニ知識　beforeunload イベントの挙動

　beforeunload イベントで、returnValue プロパティに文字列を設定することで、ページを閉じる時にダイアログボックスを表示し、「ページを離れる」ボタンを押してユーザーがキャンセルする機会を与えることができます。タブやウィンドウを閉じる場合だけでなく、ページ更新時にも現在のページは閉じることになるのでキャンセルする機会が発生しますが、この時にもダイアログボックスが表示されます。表示されるメッセージはほとんどのブラウザーでカスタマイズできません。beforeunload イベントのハンドラーでは alert などの使えないメソッドがあるなど様々な制約があります。WebKit 系のブラウザーで beforeunload イベントのハンドラーが呼び出されるには、ページ内にフォームの要素があって、そこが選択されているか、修正されている必要があります。

DOM の利用

　HTML で記述された Web ページに関して、その要素 1 つひとつを参照して処理する仕組みが用意されており、それが **DOM**（Document Object Model）です。Web ページ以外にも DOM の構成は可能ですが、Web アプリケーションで DOM と言えば、ページの内容を JavaScript で処理する話題になります。HTML の記述において、タグの中にタグがあるということは、それらのタグに親子関係があるともみなせることにより、html タグを頂点として、ツリー状に子要素が展開されているとみなして、DOM による要素の操作が可能になります。

6.1　DOM における要素

　DOM で利用されるインターフェイスやクラスはかなり大量にあり、詳細な定義は MDN などのドキュメントを参照してください。この章の冒頭では、代表的な利用方法に絞って説明をします。

　まず、要素そのものを参照する方法を説明します。要素のルートは、window. document プロパティと考えてよいでしょう。そして、**id 属性**を引数に指定する getElementById メソッドを利用することで、任意の要素を参照することができます。例えば、id 属性が mynode であれば、document.getElementById('mynode') のように記述すると、その要素を参照できます。タグの種類に関係なく、取得で

きます。そのほかに、引数にタグ名の文字列を取る getElementsByTagName、引数に class 属性のキーワードを指定する getElementsByClassName、引数に name 属性を取る getElementsByName があります。これらは「Elements」と複数形になっており、複数の要素が配列として得られるメソッドです。もちろん、配列として扱うことで、要素 1 つひとつを参照できます。また、document に対して適用すると、Web ページの内容全部に対して検索をしますが、特定の要素に対してこれらのメソッドを適用すると、その要素よりも下位に存在する要素だけが取り出されます。

　要素を選択する方法として、引数に **CSS セレクター** を使える querySelector、querySelectorAll もあります。前者は 1 つの要素、後者は配列で要素を返します。例えば、document.querySelectorAll("div[class='title']") のように記述すると Web ページの中で、class 属性に title のキーワードを持つ div タグへの参照が配列で返されます。

　他に、document に対しては、body タグ要素を参照する body プロパティや title タグ要素を参照する title プロパティ、form タグ要素への参照の配列を返す forms、image タグ要素への参照の配列を返す images なども利用できます。また、任意の属性を指定するための data-* 属性については、要素の dataset プロパティから参照できます。例えば、data-im 属性は、aNode.dataset.im で参照できます。

6.2　ノード関連処理

　タグ要素については、そのタグの種類に応じて、HTML 属性はプロパティとして利用できます。ただし、class 属性だけは言語の予約語と同じなのでプロパティとして利用する時は className を利用します。また、getAttribute、setAttribute メソッドは引数に文字列で属性名を指定します。後者は 2 つ目の引数に値を指定します。これらのメソッドだと、定義されていない属性の読み書きも可能です。

　ノードが参照できれば、そのノードに対して様々な処理を行えます。まず、内包する HTML は innerHTML プロパティで参照でき、このプロパティに HTML のテキストを代入することでも内包する要素を変更したり追加したりができます。なお、内包する時に script タグがあると、意図しないスクリプトが動いてしまうこともあり、セキュリティ上の問題が発生します。これは攻撃者が入力した script タグ入りの HTML コードをさらに第三者が見ることを想定すれば、攻撃者がデータを抜き取るコードを記述していると、状況によっては閲覧者の情報が抜き取られることになることになるからです。ブラウザーにより様々な制限があって必ずしも成功する方法ではありませんが、innerHTML の利用には原則として注意が必要とい

うことです。他に、内包するノードのテキスト結果を参照する textContent プロパティもあります。

　自分の**親ノード**は、parentNode プロパティで参照できます。**子ノード**は childNodes あるいは children プロパティで配列で得られます。前者は要素以外のコメントなども含めて取得します。その結果、取得したノードに対して nodeType プロパティでその種類を判別して作業をする必要がある場合もあります。最初の子ノードは firstChild あるいは firstElementChild、最後の子ノードは lastChild あるいは lastElementChild プロパティでも参照できます。自分自身を基準にして、次の**兄弟**は nextSibling あるいは nextElementSibling 、前の兄弟は previousSibling あるいは previousElementSibling プロパティを利用できます。これらのメソッドのうち Element が含まれた方は、無視できるテキストノードやコメントノードは返り値には含まれていません。

　ノードを新たに作る場合、タグ要素では createElement メソッド、テキストノードでは createTextNode メソッドを利用します。その後、作成したノードを appendChild メソッドで特定の要素の子要素の最後に追加します。挿入では、追加するノードと基準になるノードをそれぞれ引数に指定する insertBefore メソッドもあります。ツリーから取り除く removeChild や、置き換える replaceChild メソッドもあります。なお、dNode = document.createElement('div') のように document プロパティに対して適用して作った div タグ要素を、aNode.appendChild(dNode) のようにして document のどこかに存在する aNode が参照するノードに追加します。

　テーブルでは、table、tbody、thead、tfoot、tr、th、td といろいろな要素が登場しますが、いくつかテーブルの処理を便利にするメソッドが用意されています。table タグ要素を参照するノードに対して、insertRow メソッドを適用すると、新たに tr タグ要素が追加されます。引数には tr タグ要素を挿入する位置を先頭を 0 として指定できますが、–1 を指定すれば最後に追加します。また、rows プロパティで tr タグ要素の配列を得ることができます。tr タグ要素を参照するノードに対して insertCell メソッドを利用することでセルを追加することができ、cells プロパティで内包するセルの配列、rowIndex プロパティで何行目を示す数値を得ることができます。

6.3　JavaScript と CSS

　CSS を適用する 1 つの方法は、タグ内に style 属性で CSS の記述を行うこ

とです。これと同一のことが JavaScript ででき、全てのタグ要素で style 属性を利用できます。そして、CSS の属性は、ハイフンを取り除き、ハイフン直後の文字を大文字にするというルールで、プロパティが定義されています。例えば、background-color 属性は、変数 aNode がタグ要素を参照しているとして aNode.style.backgroundColor により取得や設定ができます。また、style 属性全部を扱いたい場合は getAttribute や setAttribute メソッドで利用するか、style.cssText プロパティを利用する方法があります。なお、これらの方法では、指定した CSS 属性しか得られませんが、window.getComputedStyle メソッドで引数に要素への参照を指定すると、その要素での CSS 属性値が全て得られます。

6.4　カスタムエレメント

　新たなタグや既存のタグの機能を拡張する**カスタムエレメント**の仕組みが利用できます。window オブジェクトの customElements プロパティからその機能が利用でき、これに対して define メソッドを利用することで、カスタムエレメントを定義できます。define メソッドでは、名前、コンストラクタ、オプションの 3 つの引数を指定します。コンストラクタには、既存のタグ要素のクラスを継承した新たなクラスを用意して、constructor メソッドを実装するのが 1 つの方法です。これにより、名前をタグ名にしたタグや、あるいは既存のタグで is 属性に名前を指定したタグが利用できます。

6.5　本章のプログラムの実行方法

　この章のプログラムは、ブラウザー上で稼働させないと検証ができません。HTML と JavaScript あるいは CSS も含めて準備が必要です。それぞれの問題はコンパクトに記述するために、ファイルの全体を示していませんが、問題の状況を再現するそれぞれのファイルを必要に応じて作成し、HTML より script タグで js ファイルを、link タグで css ファイルを参照するようにして、ブラウザーの画面更新を必要に応じて行いながらプログラムを修正してください。もしくは、配布している問題ファイルをご利用ください。

問 6-1（No.82）　背景色を切り替える

下記のコードをブラウザーで開くと、青い四角の下に赤い四角が表示される。
ページを開くと 3 秒後に、2 つの背景色が逆になるようにコードの空欄を埋めよ。

```
<style>
  #top {
    width: 40px;
    height: 40px;
    background: blue;
  }
  #bottom {
    width: 40px;
    height: 40px;
    background: red;
  }
</style>
<body>
  <div id="top"></div>
  <div id="bottom"></div>
</body>

<script>
  const topDiv = document.    ①    ("top")
  const bottomDiv = document.    ②    ("#bottom")
  const topColor =     ③    (topDiv).backgroundColor
  setTimeout(() => {
    topDiv.style.background =     ③    (bottomDiv).backgroundColor
    bottomDiv.style.background = topColor
  }, 3000)
</script>
```

解答
6-1

① `getElementById`

② `querySelector`

③ `getComputedStyle`

　要素の選択方法はいくつかありますが、多くの場合は `getElementById`、`querySelector`、`querySelectorAll` のメソッドを使います。`getElementById` メソッドは id 属性を持つ要素を取得するために使います。`querySelector` は指定された CSS セレクターに一致する最初の要素を返します。`querySelectorAll` は CSS セレクターに一致する全ての要素を返します。id を持たない要素、または選択するために複雑な表現が必要な場合にとても便利なメソッドです。

　JavaScript の最初の 2 行は似ていますが、よく見ると 1 行目は "top" だけですが、2 行目は # で始まり、つまり CSS セレクターだと分かります。

　3 行目では要素の CSS を取得します。要素を取得する方法には 2 つあり、<変数>.style.<CSS プロパティ>、あるいは `getComputedStyle(<変数>).`<CSS プロパティ> のいずれかがよく使われます。前者は CSS をそのまま返します。3 行目に `backgroundColor` プロパティで取得しますが、CSS に `backgroundColor` の指定がないので、空文字列しか取得できません。計算された値を取得するためには③のように `getComputedStyle` メソッドを使います。

■ **JavaScript ミニ知識　getElementByName, ByTag, ByClassName はもう使いません**

　本章の冒頭に書いてあるように要素を参照するために `getElementsByTagName`、`getElementsByName`、`getElementsByClassName` というメソッドもありますが、`querySelector` メソッドの方が短くて、強力なので、新しいアプリケーションではもうほとんど使われていません。`querySelector` メソッドではタグ名、クラス名と name 属性を持つ要素、全部取得できますので、異なる 3 つのメソッドを使う意味がなくなりました。そして、名前をよく見ると Elements の s があるので、取得するのは引数に一致する全ての要素のコレクションになりますし、s なしのバージョンがありませんし、`querySelector` メソッドと比べると不便なメソッドです。

問 6-2（No.83）　ノードの家族

★★
JavaScript

下記の JavaScript プログラムの出力を予測せよ。エラーが発生する場合はエラーのタイプを解答せよ。

```html
<html>
  <head></head>
  <body>
    <div>概要</div>
    <div>詳細</div>
    <div>まとめ</div>
  </body>
</html>
```

```html
<script>
  console.log(document.body.childNodes.length)
                  // 出力例: ┌─────┐ ①
  console.log(document.body.children.length)
                  // 出力例: ┌─────┐ ②
  console.log(document.body.children[1].textContent)
                  // 出力例: ┌─────┐ ③
  console.log(document.querySelector("div:nth-child(2)")
              .previousElementSibling.textContent)
                  // 出力例: ┌─────┐ ④
  console.log(document.body.lastElementChild.children.length)
                  // 出力例: ┌─────┐ ⑤
  console.log(document.body.children
              .filter(n => n.textContent === "詳細"))
                  // 出力例: ┌─────┐ ⑥
</script>
```

解答 6-2

① 8

② 4

③ 詳細

④ 概要

⑤ 0

⑥ TypeError

　直感的に解答できる問題ではありませんね。2つの大事なポイントを確認しましょう。まずはノード（Node）と要素の違いですが、childNodes プロパティで得られる body の子ノードは①のように8つなのに、children プロパティでは子要素は②のように4しかありません。childNodes は全てのノードを取得します。「全て」というのはもちろん要素ノード（\<div\>, \<p\> など）ですが、コメントノードもテキストノードも取得します。テキストがない！と思うかもしれませんが、改行だけの部分もテキストと認識します。childNodes の結果を確認すると、得られた最初のノードは「#text "(改行)"」のように表示されます。要素だけを取得したい場合は、childNodes ではなく children を使います。同様に、previousElementSibling、lastElementChild メソッドは、previousSibling、lastChild に対応した要素だけを返すメソッドです。

　もう1つの大事なポイントは HTML 使用により、body の外側にタグが存在できないことです。関心の分離を考えると、HTML の後に JavaScript を書くのが正しい記述方法です。しかし、ブラウザーはソースファイルを読んだ後、body の外側にある script タグを body の内側に勝手に入れます。ブラウザーで HTML を調べれば分かります。したがって、body.children は3つの div タグと script タグになります。

　残りの解答は英語が分かれば簡単だと思います。div:nth-child(2) のセレクターは親の2番目の子である div 要素を取得し、textContent は要素のテキストを取得し、previousElementSibling は親の children の中で自分の前にある要素で、lastElementChild は children の最後の要素です。

　最後はエラーになります。エラーメッセージは「TypeError: document.body.children.filter is not a function」ですね。children はコレクションを返しますが、Array ではありませんので、Array では使えるはずの便利なメソッドを使えません。正確には、children のタイプは HTMLCollection ですので、Array.from メソッドを使えば Array に変換することができます。

問 6-3 (No.84) <script> の位置

下記のコードを .html のファイルに入れて、ブラウザーで開いた場合に、コンソールに表示される内容を予測せよ。

```html
<html>
  <head>
    <script>
      console.log("headから見ると: " + document.body)
    </script>
  </head>
  <body>
    ...
  </body>

  <script>
    console.log("bodyの下から見ると: " + document.body);
  </script>
</html>
```

```
// 出力例
headから見ると: ┌─────────┐
              │    ①    │
              └─────────┘
bodyの下から見ると: ┌─────────┐
                 │    ②    │
                 └─────────┘
```

解答 6-3	① null
	② [object HTMLBodyElement]

　細かくて複雑なところに到着しました。まず、JavaScript のコードは、.html と別のファイルで書くか、同じファイルで書く方法があります。しかし、最終的に script タグで HTML に挿入します。もちろん、1 つのファイルに任意の数の script タグを追加することができますが、入れる場所によって、異なる影響があります。本問では、まだレンダリングされてない要素へのアクセスが問題になります。ソースコードは上から下まで読まれ、head タグでまだ存在していない body 要素にアクセスしようとしたら、戻り値は null になります。逆に、<body> の後に取得しようとしたら、body 要素が存在していますので、無事に参照を取得できます。ちなみに、解答 6-2 をよく読んだ方は、「下の script タグは実は body タグの中にあるね」とすぐにご理解されたことでしょう。

■ JavaScript ミニ知識　script の位置に注意しましょう

　ソースコードは上から下まで読まれるため、head の中にたくさんの script タグを入れた場合、これらの script 全てが実装された後に、HTML がレンダリングされます。つまり、しばらくユーザーが真っ白のページの前で待つことになります。多くの場合は、JavaScript はユーザーがページを操作するためのコードであり、真っ白のページで稼働する必要はないかもしれません。そのこともあって、レンダリングの前にロードする必要がないものについては、body の最後に書く場合が多いです。または、JavaScript ファイルを非同期でロードすることも可能ですが、多くの場合は最後に書けば十分です。

問 6-4（No.85）　テーブルの作成

大輔君は数学の練習の Web サイトを作った。そのページでは、ユーザー
が任意の正の整数 n を記入したら、0 から n - 1 までの数字を表形式で表示す
る。その後、ユーザーがいろいろなテスト関数の中から選んで、自分の結果と
比べることができるようにした。なお、本問では、表を作成する。HTML は
`<table id="numberTable"></table>` だけで、中身は全部 JavaScript で追加する。
また、表は 10 列で表示されるようにする。このように動作するように空欄を埋め
よ。

```
<table id="numberTable"></table>

<script>
  function createTable(n) {
    const table = document.    ①    ("numberTable")
    let currentRow
    for (let i = 0; i < n; i++) {
      // 10列の表を作る
      if (i % 10 === 0)
        currentRow = table.    ②    ()
      const cell = currentRow.    ③    ()
      // セルのテキストは数字
      const text = document.    ④    (i)
      cell.    ⑤    (text)
    }
  }
</script>
```

解答
6-4

① getElementById

② insertRow

③ insertCell

④ createTextNode

⑤ appendChild

　全ての要素は Element インターフェイスから継承されたクラスのオブジェクトなので、clientWidth や innerHTML プロパティ、querySelector メソッドなどが操作可能です。しかし、タグによってはそのタグの場合だけに使用できるプロパティやメソッドがあります。HTML の table 要素は HTMLTableElement インターフェイスのプロパティとメソッドを使用でき、表のレイアウトなどを変更することができます。例えば行 (tr タグ) を追加する insertRow メソッド、削除する deleteRow メソッドがあります。同等に insertRow メソッドの戻り値は HTMLTableRowElement インターフェイスのメソッドを使用でき、例えばセル (td タグ) を追加する insertCell があります。

　最後に、td の中身を追加する必要があります。今回は TextNode を作成しましたので、このノードを cell ノードの子にする必要があります。階層に応じて要素の追加に利用できるメソッドは下記のようになります。

```
<table> -> insertRow()
        <tr>   -> insertCell()
                <td>   -> appendChild()
```

問 6-5（No.86）　テーブルの着色

★★
JavaScript

問 6-4 で作成したページをさらに改造し、作成された表のセルに着色する。ユーザーは大輔君が準備した練習の 1 つを選んだら、この練習の答えになる数字が着色される。例えば、ユーザーが「偶数」のボタンをクリックしたら、表の中にある偶数が赤くなり、「素数」だったら黄色になる。本問では、ボタンのクリックを実装せずに、着色の関数だけを考える。このように動作するように空白を埋めよ。

```html
<table id="numberTable"></table>

<script>
  // 問6-4のcreateTable関数が既に呼び出されたと想定

  // 例: ボタンをクリックすると以下のように関数が呼び出される
  let isEven = n => n % 2 === 0
  colorCells(isEven, "yellow")

  function colorCells(testFunction, color) {
    const allCells = document. ①  ("td")
    for(let cell  ②   allCells) {
      if( ③  (cell. ④  )) {
        cell. ⑤ .background = color
      }
    }
  }
</script>
```

解答 6-5	① querySelectorAll
	② of
	③ testFunction
	④ textContent
	⑤ style

　ほとんど復習問題だと思いますが、今回は CSS プロパティを変更するので、< 変数 >.style.<CSS プロパティ> と書くことで問題ありません。これ以外は、allCells 変数は全てのセルを持つ必要があるので、querySelector メソッドではなく、querySelectorAll メソッドを使うように注意してください。

　ロジックは次の通りです。全てのセルを取得した後に、ループでテキスト内容を見て、testFunction 関数で評価して true になったら、着色します。

　本問ではボタンのクリックや、表の CSS を数値変更時に初期状態に戻すなどを実装しませんでしたが、Chapter 7 に取り組んだ後に、本問に戻ってユーザーが楽しく使えるページを作るのはとてもいい練習だと思います。

■ 次ページ問 6-6 のコードの一部

```
<style>
.message{
  display: inline-block;
  background-color: #f0fbf0;
  border: solid 1px #4adb34;
  border-radius: 6px;
  padding: 10px;
}
</style>
```

問 6-6（No.87）　padding は取得できない？ ★★★ JavaScript

　大輔君は下記のコードを Chrome でテストした後に、チームの Web アプリケーションのソースコードを更新した。しかし、Firefox を使う他の開発者に「padding を変更する関数って何もしないよ」と言われた。コードのダメな所、そしてどう修正すればいいかを予測せよ。なお、解答を短縮するために対象とされた要素の padding 属性値は上下左右同じだと想定する。

```
<div class="message">南アフリカには11の公用語があります。</div>

<!--
  HTMLファイル内に、前のページに記載したstyleタグが記述されている
-->

<script>
  function increasePadding() {
    const messageDiv = document.querySelector(".message")
    const pd = parseInt(getComputedStyle(messageDiv).padding, 10)
    messageDiv.style.padding = Math.min(100, pd + 10) + "px"
  }
  function decreasePadding() {
    const messageDiv = document.querySelector(".message")
    const pd = parseInt(getComputedStyle(messageDiv).padding, 10)
    messageDiv.style.padding = Math.max(10, pd - 10) + "px"
  }
</script>
```

```
// increasePadding関数のダメな行は ［  ①  ］行目
// decreasePadding関数のダメな行は ［  ②  ］行目
// 両方を修正するのに、例えば ［  ③  ］を ［  ④  ］に書き直せばいい
   （この解答欄は1単語にする）
```

解答 6-6

① 2

② 2

③ padding

④ paddingTop, paddingBottom, paddingLeft, paddingRight のいずれか

　ブラウザーでの違いによる混乱は、昔よりも今の方がだいぶんとマシな状態になりましたが、まだまだ微妙なところがたくさん残っていて、注意する必要があります。Web アプリケーションは必ず複数の異なるブラウザーでテストをする必要があります。本問は getComputedStyle 関数を利用した問題です。実は「padding」という CSS プロパティは略記（shorthand プロパティ/一括指定プロパティ）です。本当は padding-top, padding-right, padding-bottom, padding-left のそれぞれ（longhand プロパティ/個別指定プロパティ）を一括で指定できるのが padding です。

　getComputedStyle は個別指定プロパティしか保証しません。一括指定プロパティが引数である場合、空文字列を返すことを期待されています。つまり、安全な書き方は paddingTop, marginBottom, fontSize などを使用することです。

　しかし、getComputedStyle が一括指定プロパティの値を返すブラウザーでも、他の問題があります。今回は簡略化したため、padding: 10px にしましたが、もし padding: 10px 8px 6px 4px にしたら、getComputedStyle().padding はそのまま "10px 8px 6px 4px" を返します。様々なことを考慮に入れると、やっぱり個別指定プロパティを使った方がいいですね。

　最後に padding プロパティの値を変更するので、< 要素 >.style を使います。CSS の値の単位 ("px") を忘れないように注意してください。

問 6-7 (No.88)　data-* 属性

★★
JavaScript

Daisuke's Kitchen のメニューのページは下記の HTML を使う。データベースにある食品の種類によって、div タグで分けて表示する。JavaScript の calculatePrice 関数を呼び出したらチェックされた食品の会計を計算する。例えば、Beef、Avocado、Mozzarella がチェックされたら calculatePrice は "7.60" を戻す。小数は 2 桁になるように、JavaScript のコードの空欄を埋めよ。

```
<div class="flex-container">
  <div> // div内にメニューの数だけチェックボックスがある
    <input id="beef" type="checkbox" data-type="meat"
           data-id="14353" data-price="3.50">
    <label for="beef">Beef</label> <br> ... </div>
  <div> // div内にメニューの数だけチェックボックスがある
    <input id="avocado" type="checkbox" data-type="vegetable"
           data-id="23212" data-price="1.95">
    <label for="avocado">Avocado</label> <br> ... </div>
  <div> // div内にメニューの数だけチェックボックスがある
    <input id="mozzarella" type="checkbox" data-type="cheese"
           data-id="34321" data-price="2.15">
    <label for="mozzarella">Mozzarella</label> <br> ... </div>
</div>


<script>
  function calculatePrice() {
    const checked = document.querySelectorAll(
                        'input[type=checkbox]:checked')
    let price = 0
    checked.[  ①  ](c => price += +c.[  ②  ].price)
    return price.[  ③  ](2))
  }
</script>
```

解答
6-7

① forEach

② dataset

③ toFixed

「data-」で始まる全ての属性は、プログラマーが使用するために予約されています。それらは、dataset プロパティを通じて使用できます。データベースからオブジェクトを取得したら、オブジェクトの属性が HTML の属性と同じ名前になる可能性が高いです。例えば、よくぶつかるのは id ですね。HTML の id が使えないととても不便ですが、オブジェクトの id がないとその後の処理（更新、削除など）ができなくなります。そのために data-* 属性が導入されました。本問では大した違いはないように見えるかもしれませんが、より複雑なアプリケーションを作る場合にはとても強力な仕組みです。

最後に、小数の桁を固定するために toFixed メソッドがあります。このメソッドは 0 を追加するのではなく、引数が n であれば n 桁目で四捨五入します。padEnd メソッドもありますが、指定した長さになるように文字列で延長しますので、長さが変わる文字列に使えません。

■ JavaScript ミニ知識　CSS の width と height を使わないで

本章の問題を練習しながら <変数>.style.<CSS プロパティ> と getComputedStyle(<変数>).<CSS プロパティ> の違いを理解したと思います。しかし getComputedStyle も制限があります。Chapter 7 で要素の幅と高さを取得したり変更したりする問題がありますが、その時、getComputedStyle(<変数>).width を使いません。

まず、getComputedStyle(<変数>).width は単位付きの値、例えば "800px"、または "auto" のような非数値を返す可能性があります。そして、CSS の width はパディングなしで、box-sizing というプロパティに依存します。最後に、スクロールバーがあれば、ブラウザーによって getComputedStyle(<変数>).width と getComputedStyle(<変数>).height の戻り値は異なります。

要するに、JavaScript から width と height の取得のためには getComputedStyle メソッドを使わない方がいいです。正しい方法は Chapter 7 で練習してください。

問 6-8（No.89）　アニメーション ― ランプ

★★
JavaScript

下記のコードを .html ファイルに入れてブラウザーで開くと、黒い背景で黄色の四角が点滅するように空欄を埋めよ。

```
<body>
  <div id="lamp"></div>
</body>

<style>
  body {
    background: black;
  }
  div {
    background: yellow;
    width:40px;
    height:40px;
  }
</style>

<script>
  const lamp = document.    ①    ("lamp")
     ②    (() => lamp.    ③    = !lamp.    ③    , 1000)
         // 解答欄の③は1単語にする
</script>
```

解答 6-8	① getElementById	③ hidden
	② setInterval	

簡単なアニメーションを作る場合には、setInterval メソッドをよく使います。このメソッドは渡された遅延時間を置いてコードを繰り返し呼び出します。遅延時間はミリ秒で渡しますので、本問のコードでは 1 秒毎に何かをします。この何かは点滅を実装します。簡単に言うと、点滅とは表示することと隠すことの繰り返しだけなので、CSS プロパティや HTML 属性を使うと実装しやすいでしょう。一番簡単な方法は、hidden 属性を追加したり削除することです。

setInterval メソッドはインターバルと呼ばれるオブジェクトを生成し、このインターバルを一意に識別する intervalID を返します。アニメーションを停止するには、この intervalID を clearInterval メソッドに渡します。こう考えると、setInterval と setTimeout は似たようなメソッドですね。

簡単なアニメーションを作るのなら、問 6-8 のように setInterval メソッドを使っても問題はありません。一方、複数のアニメーションが同時に動くような場合、ブラウザーの再描画（redraw）や CPU の負荷を考慮すると、setInterval より次の問題で練習する requestAnimationFrame メソッドを使う方が望ましいです。

■ 次ページ問 6-9 の補足と図

横軸 x が時間の割合、つまり 0 は開始、1（100%）は終了で、縦軸 y は移動距離の割合を設定する。つまり、y = f(x) の曲線は開始位置から終了位置までの道を示す。加速の場合、直線で 10 秒 10m を歩くというアニメーションは、最小の 5 秒で 31.25cm までしか動かない、次の 2.5 秒で 2.4m ぐらいまで行き、最後の 2.5 秒で残りの 7.6m を走る。

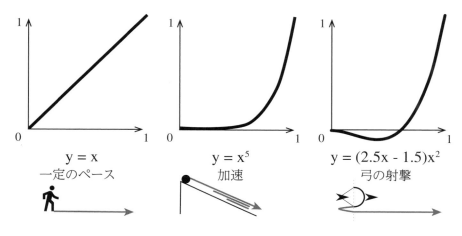

$$y = x$$
一定のペース

$$y = x^5$$
加速

$$y = (2.5x - 1.5)x^2$$
弓の射撃

問 6-9（No.90）　タイプライター 1 — アニメーションヘルパー ★★★★
JavaScript

requestAnimationFrame メソッドは、引数に関数を指定し、次の再描画までに、アニメーションを更新するため関数を呼び出すことを要求する。

本問ではいろいろなアニメーションで共通に利用できるアニメーションに関するヘルパー関数（ここでの animate 関数）を用意する。この関数は 3 つの引数があり、それぞれ、アニメーションの長さ：duration、アニメーション自体の描き方（つまりどの要素に何をするか）：draw、そしてアニメーションの " タイミング " 関数：timingFunc である。

タイミング関数を定義することがちょっと難しい。前ページの図と変数名とコメントを参考しながら空欄を埋めよ。

```
<script>
  function animate({ timingFunc, draw, duration }) {
    // ページロード開始からの経過時間
    let start = performance.    ①    ()
    requestAnimationFrame(function animate(time) {
      // timeFractionは0から1まで行く
      let timeFraction = (time -    ②   ) /    ③
      if (timeFraction > 1) timeFraction = 1

      // 現在のアニメーションの状態を計算する
      let progress = timingFunc(    ④   )
      draw(    ⑤   ) // 描く
      if (timeFraction < 1) {
        requestAnimationFrame(    ⑥   )
      }
    })
  }
</script>
```

解答 6-9

① now
② start
③ duration
④ timeFraction
⑤ progress
⑥ animate

　まずは、アニメーションがいつ始まるかを判断するのに、コメントに書いてあるように performance.now() でページロード開始からの経過時間を習得できます。そしてアニメーションの長さを duration と呼び、現在時刻を time と呼ぶと、timeFraction = (time - start) / duration の式はアニメーションの完了率を示します。timeFraction >= 1 の場合は、終了ということです。

　次は、タイミング関数を使い、現在の timeFraction に対応するアニメーションの状態を計算します。後はこの状態を描くだけです。最後に、timeFraction < 1、つまりアニメーションがまだ終わってない場合は requestAnimationFrame を呼び出し続きます。

　requentAnimationFrame の コ ー ル バ ッ ク 関 数 は タ イ ム ス タ ン プ（DOMHighResTimeStamp）の 1 個 の 引 数 を 受 け 取 り ま す。こ の 引 数 は、requestAnimationFrame が コ ー ル バ ッ ク の 呼 び 出 し を 開 始 し た 現 在 時 刻（performance.now()）を示します。

問 6-10（No.91） タイプライター 2 ― アニメーション ★★★
JavaScript

問 6-9 で定義したアニメーションヘルパーを使い、textarea タグに書いてある
テキストを 1 文字ずつ表示する。下記のコードのタイミング関数は一番簡単な線形
関数 y = x を使い、つまり一定のペースで文字を表示する。

```
<textarea id="textExample" rows="5" cols="60">
  むかしむかし、あるところに、おじいさんとおばあさんが住んでいました。
  おじいさんは山へしばかりに、おばあさんは川へせんたくに行きました。
  おばあさんが川でせんたくをしていると、ドンブラコ、ドンブラコと、大
きな桃が流れてきました。
</textarea>

<script>
  const textArea = document.getElementById("textExample")
  animateText(textArea)
  function animateText(textArea) {
    const text = textArea.value

    animate({
        ①    : 10000,
        ②    : (timeFraction) =>    ③    , // 線形関数
        ④    : function (progress) {
      const nbToDisplay = (text.length) *    ⑤
      textArea.value = text.    ⑥    (0, Math.ceil(    ⑦    ))
    }
    })
  }

  function animate({ timingFunc, draw, duration }) {
    // 問6-9の問題にある同名の関数と内容は同じ
  }
</script>
```

解答 6-10

① duration
② timingFunc
③ timeFraction
④ draw
⑤ progress
⑥ substr
⑦ nbToDisplay

　まずは、animate 関数の引数を間違えないように注意する必要があります。問 6-9 の説明をもう一回読んだら難しくないでしょう。①最初は数字だけなので、アニメーションの長さで、②次は完了率を使う関数、つまりタイミング関数ですね。④最後は、テキストエリアの値を更新する再描写の関数です。

　タイミング関数は y ＝ x にしましたので、引数が timeFraction であれば、戻り値も timeFraction になりますね。

　draw 関数の内容はちょっと難しいかもしれません。引数は完了率です。アニメーションの開始は 0 文字目から、完了は全ての文字です。つまり、表示する文字数は文字総数 × 完了率（text.length * progress）です。後は部分文字列を返すしか残りませんね。

　本問では一定のペースで 0 文字目から最後の文字まで簡単なアニメーションを作りましたが、開始と終了を変更したり、タイミング関数を加速や弾みなどにしたりすればとてもいい練習になると思います。

Chapter
(7)

ユーザーインターフェイスの処理

WebページのユーザーインターフェイスをJavaScriptで制御したいことはよくあります。特に**フォーム**の入力時にそうした作業を組み込みたい場合はよくあります。もちろん、フォーム専用のタグ要素だけではなく、一般的な様々なタグ要素についても処理対象にします。その意味では、Chapter 6のDOMでの対応がありますが、JavaScriptではフォームへの対応機能も古くからあります。加えて、イベント処理についてもこのChapterで取り扱います。

7.1 HTML フォームと JavaScript

DOM以外の方法でHTMLフォームを参照する方法として、documentを利用する方法があります。formタグのname属性がmyformだった場合、document.forms["myform"]、document.myformで参照ができます。また、document.forms[0]など、formsプロパティの配列の要素番号を指定しての参照も可能です。さらに、フォームの中にあるinputやselectタグなどのフォーム特有の要素は、フォームへの参照から参照できます。要素のname属性がmydataの場合、document.myform.mydataあるいはdocument.myform.elements["mydata"]、document.mydata.elements[番号]によって参照ができます。

フォーム内の要素について、よく利用されるプロパティやメソッドを紹介しま

しょう。まず、全てのフォーム要素で使われるものとして、値を示す value **プロパティ**、要素を特定するための name **プロパティ**、input タグなどで種類を示す type プロパティがあります。また、focus メソッドでその要素を選択し、blur メソッドでその要素の選択を解除できます。**テキストフィールド**ではこれらに加えて、初期値の defaultValue プロパティや、中の文字列を選択する select メソッドを利用できます。**チェックボックス**や**ラジオボタン**は選択結果は value プロパティで参照できますが、個別の要素に対して checked プロパティで選択状態、defaultChecked プロパティで初期値が設定できます。また、click メソッドでチェックボックスなどをクリックするのと同じ動作ができます。select タグによる**ポップアップ**なども、やはり value プロパティで選択結果が得られますが、selectedIndex で何番目を選択しているか、options プロパティで option タグ要素の配列が得られます。option タグ要素のオブジェクトは、selected プロパティで選択しているかどうか、text や value プロパティでそれぞれの表示文字列、選択時の値が得られます。

7.2　フォームとイベント

フォームに限らず、Web ページでは様々な**イベント**が発行されます。イベントには名前がついており、例えばクリックに対するイベントは click がイベント名です。このイベント名に on を付けたものが、イベントを処理する関数（**イベントハンドラー**）です。例えば、button タグ要素には、onclick プロパティがあると考えてよく、このプロパティに関数を代入しておけば、クリック時にその関数が実行されます。引数はイベント情報を収めたオブジェクトが引き渡されます。なお、イベント名に on を加えたプロパティに設定する方法では 1 つの関数しか指定できませんが、タグ要素に利用できる addEventListener メソッドを利用すれば、複数の関数をイベントハンドラーとして登録ができます。以下、代表的なイベントだけを紹介します。また、使用方法もそれぞれ個別に様々な考慮すべき事項があるので、詳細は MDN などのサイトを参照してください。

イベントハンドラーに引き渡される引数はイベント関連の情報が入っており、イベントの種類によって利用できるプロパティが異なっています。共通に使えるプロパティでは、イベントが発生した要素を参照する target プロパティやイベントの種類を示す type プロパティなどがあります。

form タグ要素については、onsubmit イベントが用意されており、**サブミットボタン**を押した直後にイベントハンドラーが呼び出されます。イベントハンドラーが false を返すと通信せずに終了するので、条件に応じて通信を停止できます。

マウス操作については、mousedown、mouseenter、mouseleave、mousemove、mouseout、mouseover、mouseup の各イベントが定義されており、それぞれ英語単語が示すタイミングでハンドラーを呼び出すことができます。また、モバイルデバイスでは、**タッチ**に対応したものとして、touchcancel、touchend、touchmove、touchstart のイベントが発生します。また、**ポインティングデバイス**に対するイベントとして、pointercancel、pointerdown、pointerenter、pointerleave、pointermove、pointerout、pointerover、pointerup といったイベントが発生します。タグ要素のオブジェクトに対して、setPointerCapture および releasePointerCapture メソッドを使うことで、ポインターイベントのターゲットとしてそのオブジェクトをターゲットにするように設定できます。**ドラッグ＆ドロップ**関連のイベントとしては、drag、dragend、dragenter、dragexit、dragleave、dragover、dragstart、drop があり、ドラッグ元からドラッグ先へのデータを転送するために、イベント情報にある dataTransfer プロパティへの setData や getData メソッドを通じた登録や取り出しを行うこともできます。

テキストフィールドなどの修正可能なオブエジェクトでは**ユーザーの操作**をとらえるイベントとして、change、input、select、click、dblclick、focus、focusin、focusout、blur、copy、cut、paste などがあります。入力した結果をすぐにチェックして、空欄なら警告を出すようなことが可能です。例えば、change イベントのハンドラーを定義し、そこで様々な条件判定をして何らかの方法でメッセージを出しますが、タグ要素に validity プロパティを設定し、checkValidity メソッドでその条件に合致するかを判定するという方法もあります。メッセージを表示したい場合には、setCustomValidity メソッドを使います。setCustomValidity メソッドで指定したメッセージは、サブミットの時に表示されます。

キーボードのイベントとして、keydown、keyup があります。イベントハンドラーに渡されるイベント情報の key プロパティからどのキーが押されたのかが分かりますが、文字以外は例えば→キーなら "ArrowRight" のように文字列が得られるので、対応する文字列を調べて判定する必要があります。また、Internet Explorer と Edge では文字列が違うものもあるので、ブラウザーごとの対応が必要になります。

window で参照できるオブジェクトでは、Web ページに関わる様々なイベントが発生します。まず、ページが表示された直後に発生するイベントが load で、HTML ページが全てロードされて表示された後に実行したい処理をこのイベントハンドラーで記述できます。また、印刷前後には beforeprint、afterprint イベントが発生します。ページを閉じる時には beforeunload イベントが発生し、ハン

ドラー内で引数の returnValue プロパティに何か文字列を代入するか文字列を返
すとページ遷移をキャンセルします。

7.3　イベント処理のコントロール

　イベントハンドラーの引数が event の時、event.preventDefault() を実行する
と、そのイベントの既定の処理をしないようになります。チェックボックスなら、
クリック時に状態を変える処理が既定の処理として行われますが、クリックのイベ
ントハンドラーでこのメソッドを呼び出すと、チェックの切り替わりが行われませ
ん。自分でそうした処理を操作したいような場合にこのメソッドを利用します。

　イベントはある要素で発生するだけでなく、その要素を内包する上位の要素に
順番に伝達していきます。そのような動作を「**バブリング**」と呼びます。結果的
に、body タグ要素はページで発生したイベントを全て受け付けることができる
とも言えます。途中のタグ要素にイベントハンドラーが設定されていれば、それ
らのハンドラーも順次実行されます。さらにブラウザーは、バブリングの前に、
「**キャプチャリング**」として、ルートの要素から順番にイベントが発生した
要素までオブジェクトを辿る処理も行います。ここで、それぞれの要素に、
addEventListener の 3 つ目の引数が true のイベントハンドラーがあれば、キャ
プチャリング中に呼び出されます。3 つ目の引数を省略すると、バブリング時のイ
ベントハンドラーになります。バブリングを止めたい場合は、イベントハンドラー
の引数が event の時、event.stopPropagation() で可能です。ただし、このメソッ
ドだと、止めた要素よりも上位の要素のイベントハンドラーは実行しませんが、止
めた要素に設定されているイベントハンドラーは全て実行されます。これに対して
event.stopImmediatePropagation() を利用すると、以後一切のイベントハンド
ラーは実行されません。

7.4　本章のプログラムの実行方法

　この章のプログラムは、ブラウザー上で稼働させないと検証ができません。
HTML と JavaScript あるいは CSS も含めて準備が必要です。それぞれの問題は
コンパクトに記述するために、ファイルの全体を示していませんが、問題の状況を
再現するそれぞれのファイルを作成し、HTML より script タグで js ファイルを、
link タグで css ファイルを参照するようにして、ブラウザーの画面更新を必要に
応じて行いながらプログラムを修正してください。もしくは、配布している問題
ファイルをご利用ください。

問 7-1（No.92）　ひつじを数える

HTMLページに以下のような要素が含まれている。「ひつじを数える」ボタンを1回クリックすると、「眠れない」の代わりに「ひつじ1匹」が表示される。n回クリックしたら、「ひつじn匹」になるように空欄を埋めよ。

```
<span id="sheeps">眠れない</span>
<button onclick="     ①     ">ひつじを数える</button>

<script>
  let nbSheeps = 1
  function countSheeps() {
    const sheeps = document.getElementById("    ②    ")
    sheeps.    ③     = `ひつじ${nbSheeps}匹`
       ④      += 1
  }
</script>
```

解答 7-1

① countSheeps()

② sheeps

③ innerText　または、textContent　または、innerHTML

④ nbSheeps

　JavaScript のコードのロジックは簡単だと思います。グローバル変数を作成して、クリックする度にインクリメントし、表示文字列を更新します。

　DOM イベントは注目している変化が発生したことの通知として使えます。いくつかの書き方がありますが、一番簡単なのは HTML 側で注目しているタグの中に「on< イベント名 >="JS コード "」という属性を記述することです。多くの場合は実行したいコードは長いので、HTML 側で書きません。その代わりに JavaScript の関数を HTML 側で呼び出します。イベントが発生した時に実行される関数はイベントハンドラーと呼ばれます。括弧を忘れないように注意しましょう。ブラウザーは内部で属性の内容を実行する関数を作成しますので、括弧がなければ関数自体の呼び出しは行われず、countSheeps が実行されません。

　innerText、textContent、innerHTML は本問では同じ結果になりますが、間違えないように注意しましょう。まず、innerHTML は HTML を対象としますので、タグの中にある HTML を取得したり、更新したりできます。ユーザーが入力した文字列で innerHTML を更新するのはとても危ないので、使わないでください。テキストを書き込む時に innerHTML が使えますが、textContent の方が正しくて安全です。textContent と innerText は似ていますが、基本的に textContent は CSS 属性の display が hidden の要素など、全ての要素の内容を取得しますが、innerText は人間が読める要素のテキスト内容だけを示します。

問 7-2（No.93）　問診票 - テキストフィールドの有効
★ JavaScript

　問 7-2、7-3、7-4 では以下のような問診票を使用する。問 7-2、7-3、7-4 には
コードの関連する部分を記載した。CSS については省略する。

　「今までに手術や輸血の経験はありますか」の答えが「あり」であれば、「病名」と
「いつ頃」のテキストフィールドは有効になり、「なし」であれば編集できないよう
にしたい。空欄を埋めよ。

```
<fieldset>
  <legend>今までに手術や輸血の経験はありますか</legend>
  <input type="radio" id="pastopn" name="pastop"" value=" yes"
      onchange="diseaseChange()" checked>
  <label for="pastopy">なし</label>
  <input type="radio" id="pastopy" name="pastop" value="no"
      onchange="diseaseChange()">
  <label for="pastopn">あり</label><br>
```

```html
<label for="diseasename">病名:</label>
<input type="text" id="diseasename" name="diname" disabled><br>
<label for="diseasetime">いつ頃:</label>
<input type="text" id="diseasetime" name="ditime" disabled>
</fieldset>

<script>
  function diseaseChange() {
    const disable = document.getElementById("pastopn"). ①
    document.getElementById("diseasename"). ② = ③
    document.getElementById("diseasetime"). ② = ③
  }
</script>
```

（解答例は、3ページ先にあります）

問 7-3（No.94）　問診票 - フィールドセットの表示

★
JavaScript

　問 7-2 で示したフォームにおいて、「女」のラジオボタンがオンの時のみ「女性の方へ」のフィールドセットが表示されるようにしたい。コードの空欄を埋めよ。

```html
<label for="name">氏名:</label>
<input type="text" id="name" name="name">


<input type="radio" id="   ①   " name="gender" value="male"
checked>
<label for="   ①   ">男</label>
<input type="radio" id="   ②   " name="gender" value="female">
<label for="   ②   ">女</label>
<!-- コードの省略 -->
<fieldset id="forwoman">
  <legend>女性の方へ</legend>
  <!-- コードの省略 -->
```

```
</fieldset>

<script>
  let female = document.getElementById("female")
  let male = document.getElementById("male")
  female.[   ③   ] = function () {
    document.getElementById("forwoman").[   ④   ].display = "block"
  }
  male.[   ③   ] = function () {
    document.getElementById("forwoman").[   ④   ].display = "none"
  }
</script>
```

（解答例は、2 ページ先にあります）

問 7-4（No.95）　問診票 - 複数の要素のハンドラー ★★ JavaScript

　問 7-2 で示したフォームにおいて、病名をチェックしたら、「何歳頃」のテキストフィールドが有効になるように下記のコードの空欄を埋めよ。

```
<fieldset id="disease">
  <legend>今までにかかった病気や治療中の病気</legend>
  <div>
    <input type="checkbox" id="asthma" name="asthma" value="asthma">
    <label for="asthma">喘息</label>
    <input type="number" id="asthmaage"
                        name="asthmaage" disabled>歳頃
  </div>
  <div>
    <input type="checkbox" id="tension"
                        name="tension" value="tension">
    <label for="tension">高血圧</label>
```

```
          <input type="number" id="tensionage"
                           name="tensionage" disabled>歳頃
      </div>
      <div>
        <input type="checkbox" id="dbetes"" name="dbetes" value="dbetes">
        <label for="dbetes">糖尿病</label>
        <input type="number" id="dbetesage"
                           name="dbetesage" disabled>歳頃
      </div>
      <div>
        <input type="checkbox" id="heart""" name="heart" value="heart">
        <label for="heart">心臓病</label>
        <input type="number" id="heartage" name="heartage" disabled>歳頃
      </div>
    </fieldset>

    <script>
      let elements = document.    ①    ("#disease input[    ②    ]")
      elements.forEach(element => {
        element.    ③    ("    ④    ", () => {
          element.parentNode.children[    ⑤    ].disabled
            = !element.checked
        })
      })
    </script>
```

（解答例は、2ページ先にあります）

解答 7-2

① checked

② disabled

③ disable

要素を無効にするには disabled 属性を使います。HTML を見ると、ページが最初に表示される時に「なし」のラジオボタンに checked 属性があり、2 つのテキストフィールドは disabled ですね。つまり 2 つのテキストフィールドの disabled は「なし」のラジオボタンの checked と同じ値になります。

解答 7-3

① male

② female

③ onchange　または、onclick

④ style

この問題ではイベントハンドラーを全て JavaScript 側で定義しました。HTMLで書く時と同じように「on<イベント名>」をプロパティ名として利用し、注目したい要素にバインドするために element.onchange のように書きます。本問では `<input type="radio">` の onchange か onclick を使っても構いませんが、これらは異なるイベントです。名前が示すように click はクリックの際に発生しますが、change は要素が checked になった時だけです。例えば連続で 5 回「女」のラジオボタンをクリックすると onclick は 5 回発生されますが、onchange は 1 回だけです。

　JavaScript で直接に CSS を変更することはよく書かれます。CSS を変更するには、element.style.<CSS プロパティ> に対して文字列の値を設定します。上記のコードはフィールドセットの display プロパティを変更します。「女」が checked されたら CSS は display: block; になり、「男」が checked されたら display: none; になります。

解答
7-4

① querySelectorAll
② type='checkbox'
③ addEventListener
④ click
⑤ 2

　HTML 側で全ての要素にイベントハンドラーを書くのは大変ですし、メンテナンスしにくくなります。そこで本問では、プログラムで対処する方法でイベントハンドラーを作成しました。まずは注目したい要素を取得する必要があります。querySelectorAll メソッドは与えられた CSS セレクターに一致する要素のリストを返します。#disease input[type='checkbox'] のセレクターは、id 属性が "disease" の要素の中にある <input type="checkbox"> の要素に一致します。そのあと、各要素に同じハンドラーを使うために forEach や for...of ループの中で addEventListener メソッドを使用します。

　addEventListener メソッドでは、引数にイベントの種類、イベントハンドラー、そしてオプションを指定できますが、問題のコードでは 3 つ目は省略しています。引数に指定するイベントは文字列として渡します。例えば click の場合は "click" で、ダブルクオートを忘れないように注意しましょう。イベントハンドラーは関数などを指定します。HTML 側では同じ構造の div を 4 つ定義しているので、検索されたチェックボックスの親要素のさらに 3 番目の子要素がテキストフィールドになります。イベントハンドラーでは、parentNode ミックスインの children プロパティを使用して 1 行で属性変更の処理が書けます。

■ **JavaScript ミニ知識　グローバル id を使ってはいけません**

　実 は document.getElementById("female").onclick の 代 わ り に female.onclick も使えます。つまり HTML の id 属性を直接に JavaScript 側で参照することができます。しかし、この仕組みを使わないでください。もちろん変数名のコンフリクトが発生する可能性があります。そして、JavaScript のコードを読むときに HTML がなければ、変数がどこから来たか、どのようなオブジェクトなのか分かりにくくなります。バグの回避とコードの分かりやすさは大事なので、自分のための小さいスクリプトの場合以外は getElementById メソッドが推奨されている方法です。

問 7-5（No.96）　スライダー ★★★ JavaScript

　下記のコードをブラウザーで開くと、div タグの部分でスライダーが表示される
ように CSS が設定されているとする。そして、つまみ（id 属性が marker の部分）
をつかんで離すまでは、スライダーの外に指やカーソルを動かしても、つまみは指
やカーソルの位置に応じて動き、スライダーを出ない。現在はマウスだけでなく、
ペン、タッチスクリーンなど様々なポインティングデバイスが使用されているの
で、マウスイベント（mouse ○○イベント）ではなく対応するポインターイベント
（pointer ○○イベント）を使うことにする。上記の動作になるようコードの空欄
を埋めよ。

```
<div id="slider">
  <div id="marker"></div>
</div>

<script>
  let marker = document.querySelector('#marker')
  let shiftX

  marker.    ①    = function(event) {
    marker.    ②    (event.pointerId)
  }
  marker.    ③    = function(event) {
    let newX = event.clientX - slider.getBoundingClientRect().left
    let rightEdge = slider.offsetWidth - marker.offsetWidth
    if (newX < 0) newX = 0
    else if (newX > rightEdge) newX = rightEdge
    marker.    ④    .left = newX + 'px'
  }
  // ブラウザーのドラッグ&ドロップを無効にする
  marker.ondragstart = () => false
</script>
```

解答
7-5

① onpointerdown

② setPointerCapture

③ onpointermove

④ style

setPointerCapture メソッドは特定の要素をこれ以後のポインターイベントのキャプチャターゲットとして指定するために使用します。pointerup やpointercancel イベント、キャプチャが開放されるまで、渡された pointerId の全てのイベントのターゲットは指定した要素になります。つまり、開放までにポインターが要素を触らなくてもハンドラーが正しく呼び出されます。スクロールする時や速く指を動かす時にとても便利なメソッドです。

とは言え理屈が分かっても書き方は難しいかもしれません。まずは「いつからキャプチャするか？」を答える必要があります。キャプチャとドラッグは同じことなので、マウスだったら、マウスボタンを押してから、リリースするまで。指の場合は触ってから離すまでですね。イベント名に変換すると「pointerdown」からキャプチャします。pointerdown のハンドラーは特にキャプチャを開始すること以外やることがありませんので、1 行で書けます。

pointerdown イベントは最初に発生するので、pointermove イベントが発生する場合は必ず pointerdown の後です。そして、pointerdown で setPointerCaptureを使ったので、pointermove のターゲットは必ず pointerdown と同じです。なので、onpointermove のハンドラーの中にはドラッグのロジックだけで十分です。このロジックは難しくないと思います。もちろんつまみはスライダーバーを出ないように注意する必要がありますが、基本的に id="marker" の要素の left プロパティをイベントの clientX プロパティと同じ値にするだけですね。

ブラウザーでは要素によってデフォルトのドラッグ＆ドロップ動作があるので、最後に ondragstart を使用してこのデフォルトを無効にします。カスタムドラッグ＆ドロップを作成する時に、期待していない動きを避けるために無効にすることはおすすめです。

引き続き次の問題では setPointerCapture を使わずにドラッグ＆ドロップを作って、やり方を比べましょう。

問 7-6（No.97）　クレジットカード番号

★★
JavaScript

　VISA のクレジットカード番号を入力するように 4 つのテキストフィールド（id 属性は card1～card4）を用意した。各フィールドの maxlength 属性は "4" で、class 属性は "class" である。数字以外の文字が入力されたらこの文字は無視される。コピー＆ペーストや全てを選択などのキーボードショートカットができるようにコードの空欄を埋めよ。

```
<script>
  function keyIsOk(event) {
    keys = ['ArrowLeft', 'ArrowRight', 'Delete', 'Backspace']
    return event.key >= '0' && event.key <= '9' || event.metaKey
        || keys.includes(event.key)
  }


  class CardHandler {
    handleEvent(event) {
      switch (event.   ①   ) {
        case '   ②   ':
          const pasted = event.   ③   .getData("text")
          if (!pasted.match(/\d+/)) event.   ④   ; break
        case '   ⑤   ':
          if (!keyIsOk(event)) event.   ④   ;   break
      }
    }
  }


  const cardHandler = new CardHandler()
  for (const ele   ⑥   document.querySelectorAll(".card")) {
    ele.addEventListener('   ②   ', cardHandler)
    ele.addEventListener('   ⑤   ', cardHandler)
  }
</script>
```

解答
7-6

① type　　　　　　　④ preventDefault()

② paste　　　　　　⑤ keydown

③ clipboardData　　⑥ of

　addEventListener メソッドの handler 引数は関数だけではなく、オブジェクトも使えます。オブジェクトを受け取ると、そのオブジェクトの handleEvent(event) メソッドを呼び出します。今回は CardHandler のクラスを定義して、handleEvent メソッドの中で全ての処理を書きましたが、もちろん他のメソッドを呼び出しても問題がありません。

　CardHandler クラスはキーボードを打つ時の keydown イベントとペーストする時の paste イベントに反応します。引数として得られるイベントオブジェクトにはいくつかの便利なプロパティがあります。例えば、イベントが最初に送出された要素を取得する Event.target、イベントが現在登録されている要素を取得する Event.currentTarget、そしてイベントの名前を取得する Event.type があります。複数のメソッドもありますが、よく使うのは stopPropagation メソッドと preventDefault メソッドの 2 つです。stopPropagation メソッドはこれ以上イベントが別の要素に伝播するのを停止します。preventDefault メソッドはイベントをキャンセルします。

　paste イベントが発生したら、ペーストされた文字列に数字だけがあるかどうかを調べ、ない場合にはペーストの処理がされないように preventDefault メソッドを使います。コピーされた内容は clipboardData プロパティにありますが、データを取得するように getData(format) のメソッドを呼び出す必要があります（引数にはプレーンテキストを示す text 以外の他の形式もあります）。簡単な正規表現で数字の桁数が合っているかをチェックしています。

　同様に keydown イベントの場合は数字以外のキーが打たれたらイベントをキャンセルする必要があります。しかし数字のキーだけを許せば、Ctrl、Shift などのキーが無効になりますので、そのキーを許す必要があります。許さないキーのリストが長かったら、判断専用の関数を使うのが綺麗だと思います。ちなみに KeyboardEvent.metaKey は macOS の ⌘ コマンドキーと Windows の ⊞ Windows キーです。keypress イベントを見たことあるかもしれませんが、廃止されたイベントなので使わないでください。

問 7-7（No.98）　カスタム検証

★★
JavaScript

会社の資料を管理するために所属する事業部の名前と資料番号を入力する必要がある。資料番号は「2 文字 - 任意の桁数」の形式で書く。事業部の 2 文字はコードに書いてあるように SD、DS、MG、CS のいずれかとする。資料番号が選択されている事業部の形式と一致していないのにユーザーが提出しようとしたら、HTML の有効性メッセージを使用し、エラーメッセージを表示する。コードの空欄を埋めよ。

```html
<form>
  <label for="num">資料番号: </label>
  <input type="text" id="num" name="number" oninput="checkNumber()">
  <label for="dept">事業部: </label>
  <select id="dept" name="department" onchange="checkNumber()">
    <option value="SD">ソフトウェア開発事業部</option>
    <option value="DS">データサイエンス事業部</option>
    <option value="MG">マネジメント事業部</option>
    <option value="CS">顧客支援事業部</option>
  </select>
  <input type="submit" value="提出">
</form>

<script>
  function checkNumber() {
    const divisions = {
      SD: ['^(SD-)\\d+',
           'ソフトウェア事業部の資料は「SD-番号」で入力'],
      DS: ['^(DS-)\\d+',
           'データサイエンス事業部の資料は「DS-番号」で入力'],
      MG: ['^(MG-)\\d+',
           'マネジメント事業部の資料は「MG-番号」で入力'],
      CS: ['^(CS-)\\d+',
           '顧客支援部事業部の資料は「CS-番号」で入力']
    }
```

```
    const form = document.    ①    [0]
    const number = form.  ②
    const department = form.   ③
    if (!number.value.match(constraints[    ④    ][0])) {
      number.   ⑤    (msg)
    }
  }
</script>
```

問 7-8 (No.99)　カスタムエレメント
★★★★
JavaScript

　下記のコードで開閉するメニューリストを作る。最初に「四国」「九州」「本州」「北海道」だけが表示され、「四国」をクリックしたら、県のサブリストが表示される。同様に、現れた「徳島県」をクリックしたら、市のサブリストが表示される。もう一回クリックしたら、サブリストが閉じる。HTML の ul 要素を継続するカスタム要素を使用できるようにコードの空欄を埋めよ。

```
<ul    ①    ="menu-list">
  <li>四国
    <ul>
      <li>徳島県
        <ul>
          <li>徳島市</li>
          <li>鳴門市</li>
        </ul>
      </li>
      <li>香川県</li>
      <li>愛媛県</li>
      <li>高知県</li>
    </ul>
  </li>
  <li>九州</li>
  <li>本州</li>
```

```
    <li>北海道
      <ul>
        <li>札幌市</li>
      </ul>
    </li>
</ul>


<style>
  li ul { display: none; }
</style>


<script>
  class MenuList [  ②  ] HTMLUListElement {
    constructor() {
      super() // 必ず最初に呼び出す

      for (let li of document.[  ③  ]('li'))
        if (li.[  ③  ]('ul').length > 0)
          li.[  ④  ] = showInnerul
    }
  }


  function showInnerul(e) {
    const ul = e.[  ⑤  ].children[0]
    ul.style.display
      = ul.style.display === 'block' ? '[  ⑥  ]' : 'block'
    e.[  ⑦  ]()
      // これがないと徳島県をクリックしても徳島県のリストを表示しない
  }


  customElements.[  ⑧  ]('menu-list', MenuList, {extends: 'ul'})
</script>
```

解答 7-7

① forms
② elements.number または、number
③ elements.department または、deparment
④ department.value
⑤ setCustomValidity

ドキュメントの全てのフォームは document.forms プロパティに含まれています。コレクションの項目を取得する場合は、name 属性あるいはインデックスも利用可能です。コードの form タグには name 属性も id 属性もありませんので、インデックスで取得しかできませんね。もちろんドキュメントの最初のフォームのインデックスは 0 です。フォーム内の要素へアクセスするようにその要素の name 属性をキーとして使うのが便利です。例えば form.number は name="number" の要素を取得します。しかしこの書き方だと、フォームの要素かフォームのプロパティかが分からなくなりますので、要素のコレクションを form.elements で取得してそこから要素自体を得るようにすることがおすすめです。

HTML 要素の検証のフィードバックは setCustomValidity メソッドを使うのが基本的な方法です。要素の有効確認が失敗したら分かりやすくて便利なメッセージを表示するのは Web デザインのとても大事なポイントです。検証のための正規表現はポップアップメニューの選択結果から合成しました。また、事業部名はオブジェクトから取り出すようにしました。検証が成功する場合は検証メッセージを空文字列にする必要があります。メッセージが空でない限り、フォーム自体は検証に合格できず、送信されません。

■ 次ページ解答 7-8 の続き

● <li> 徳島県 </li> のイベントにより、<ul> が表示されます

● バブリング

● <li> 四国 </li> のイベントにより、<ul>（e.target）が表示されます。この <ul> は <li> 徳島県 </li> の <ul> です。

e.target の代わりに e.currentTarget を使えばいいと思う方がいるかもしれませんが、e.currentTarget にしても、<li> 四国 </li> までバブリングします。そして、今回は <li> 徳島県 </li> の <ul> ではなく、上の <li> 四国 </li> の <ul> 全体が消えます！

解答 7-8

①　is

②　extends

③　querySelectorAll

④　onclick

⑤　target

⑥　none

⑦　stopPropagation

⑧　define

　最 後 か ら 説 明 し ま す が、 カ ス タ ム エ レ メ ン ト を 定 義 す る の に customElements.define メソッドを使います。カスタムエレメントは 2 種類あります。自律的カスタムエレメント（Autonomous custom element）は一からの独立したエレメントです。カスタムビルトインエレメント（Customized built-in element）は本問で作ったように HTML 要素を継承し、拡張を加えた要素です。メソッドの構文は、customElements.define(name, constructor, options) です。

　引数は分かりやすいと思います。HTML 側で継続したタグの中で is="name" を追加したらカスタムエレメントを使えます。難しい部分は constructor 引数ですね。要素の動作を定義したクラスを渡します。本問では MenuList クラスのコンストラクタの中で要素の拡張を書きました。ビルトインエレメントを拡張するので、まずは extends キーワードと親要素のインターフェイス名を忘れないように注意してください。コンストラクタの最初の文は必ず親コンストラクタを呼び出します。

　コンストラクタの最後の文は中に ul がある li 要素に click イベントのハンドラーを追加します。このハンドラーは li の ul が既に表示されていたら隠し、隠れている場合は表示します。

　最後に e.stopPropagation() を実行しないと、<li> 徳島県 </li> をクリックするとイベントが一番上の要素まで上がり、<li> 四国 </li> のイベントも発生されます。この現象はイベントバブリングと呼ばれています。しかし、ハンドラーは e.target.children[0] を取得します。e.target は元の対象になった要素になります。つまり、<li> 徳島県 </li> をクリックしたら、次のように動作します。

（前のページに続く）

問 7-9 (No.100)　ネズミと猫 ― 猫が動く ★★★★ JavaScript

　大輔君は下記の簡単な HTML と CSS を使い、猫がネズミを捕まえるゲームを作る。ユーザーは猫（の画像）をドラッグして、ネズミ（の画像）とぶつかったら、ネズミが新しい場所に逃げる。問 7-9、7-10、7-11 では同じ HTML と CSS を使用して必要な機能を作る。本問は猫をドラッグさせる機能についてのプログラミングである。コードの空欄を埋めよ。

```
<img id="cat" src="cat.svg">
<img id="mouse" src="mouse.svg">

<style>
  body    { height: 640px; }
  #cat    { width: 80px; height: 80px; touch-action: none; }
  #mouse  { width: 40px; height: 40px; }
</style>

<script>
  let cat = document.getElementById("cat")
  cat.     ①      = function (event) {
    let shiftX = event.clientX - cat.getBoundingClientRect().left
    let shiftY = event.clientY - cat.getBoundingClientRect().top

    function moveAt(pageX, pageY) {
      cat.style.position = 'absolute'
      cat.style.zIndex = 1000
      cat.style.left = pageX - shiftX + 'px'
      cat.style.top = pageY - shiftY + 'px'
    }

    function onPointerMove(event) {
         ②       (event.pageX, event.pageY)
    }
```

```
      ③      .addEventListener('pointermove',    ④    )

  // 猫をドロップして、ハンドラーを削除する
  cat.    ⑤     = function () {
        ③    .    ⑥    ('pointermove',    ④    )
    cat.    ⑤    = null
  }
}

  // ブラウザーのドラッグ&ドロップはコンフリクトしないように無効にする
  cat.    ⑦    = () => false
</script>
```

（解答例は、3ページ先にあります）

問 7-10 (No.101)　ネズミと猫 ― 猫がネズミを捕まえる　★★ JavaScript

　大輔君の猫がネズミを捕まえるゲームの続きの問題である。猫がネズミを捕まえたら moveAtRandom 関数でネズミを動かすが、moveAtRandom 関数は次の問題で定義する。本問では関数の存在だけを意識して、猫がネズミを捕まえる瞬間を検出できるようにコードの空欄を埋めよ。

```
<script>
  let cat = document.getElementById("cat")
  cat.onpointerdown = function (event) {
    <!-- コードの省略 -->
    // （pageX、pageY）座標に猫を移動する
    function moveAt(pageX, pageY) { <!-- コードの省略 --> }

    function onPointerMove(event) {
      moveAt(event.pageX, event.pageY)
```

```
        if (    ①    (cat.    ②    (), mouse.    ②    ())) {
            moveAtRandom()
        }
    }
    <!-- コードの省略 -->

    function intersectRect(r1, r2) {
        return (r2.left    ③    r1.right &&
                r2.right    ④    r1.left &&
                r2.top    ③    r1.bottom &&
                r2.bottom    ④    r1.top)
    }
</script>
```

（解答例は、2 ページ先にあります）

問 7-11（No.102）　ネズミと猫 — ネズミが逃げる　★★ JavaScript

　大輔君の猫がネズミを捕まえるゲームの最後の問題で、捕まりそうになったらネズミが逃げるようにする。moveAtRandom 関数の中で任意な行先を決めて、その場所までの移動のアニメーションを作る。

```
<script>
    let mouse = document.getElementById("mouse")
    moveAtRandom() // 最初の場所へ行く
    function moveAtRandom() {
        mouse.style.position = 'absolute'
        const maxX = document.documentElement.clientWidth
                    - mouse.clientWidth
        const maxY = document.documentElement.clientHeight
                    - mouse.clientHeight
        currentX = mouse.getBoundingClientRect().x
        currentY = mouse.getBoundingClientRect().y
```

```
// 画面を出ないように注意
targetX = Math.floor(Math.random() * [    ①    ])
targetY = Math.floor(Math.random() * [    ②    ])


// アニメーション
let move = [    ③    ](function () {
  if (currentX === targetX && currentY === targetY) {
    [    ④    ](move);
  } else {
    if (currentX [    ⑤    ] targetX) {
      currentX += Math.min(10, targetX - currentX)
    } else if (currentX [    ⑥    ] targetX) {
      currentX -= Math.min(10, currentX - targetX)
    }
    if (currentY [    ⑤    ] targetY) {
      currentY += Math.min(10, targetY - currentY)
    } else if (currentY [    ⑥    ] targetY) {
      currentY -= Math.min(10, currentY - targetY)
    }
    mouse.style.left = currentX + 'px'
    mouse.style.top = currentY + 'px'
  }
}, 5)
}
</script>
```

（解答例は、2 ページ先にあります）

**解答
7-9**

① onpointerdown

② moveAt

③ document

④ onPointerMove

⑤ onpointerup

⑥ removeEventListener

⑦ ondragstart

　問 7-5 と同様に全てが pointerdown イベントで始まります。今回はポインター
キャプチャリングせずにドラッグ & ドロップを実行しました。ここで一番難しい
のは、pointermove イベントは cat ではなくて document でリッスンしないとうま
くできないことです。ブラウザーはポインター系のイベントはよく聞いています
が、ずっと聞くわけではありません。つまりイベントが発生するのは秒に n 回に
限られています。もし cat をリッスンしたら、ブラウザーが聞いてない間にポイン
ターが画像の外にあれば、イベントが発生しない、猫が動きません。ネズミを捕ま
えるようにポインターを速く動かすでしょう。なので document をリッスンしない
と、ドラッグ & ドロップがうまくできません。

　似たような理由で moveAt 関数の中で cat の position と zIndex プロパティを
変更します。そうしないとページにある他の要素とぶつかったり、他のイベントと
コンフリクトしたりする可能性があります。

　そして、document をリッスンしたら、他の要素をリッスンできなくなるので、
ドラッグ&ドロップが終わったら、document のイベントリスナーを削除します。
ドロップのイベントは pointerup なので、cat の onpointerup ハンドラーの中で
document の pointermove リスナーを削除します。

　最後に問 7-5 の復習ですが、ブラウザーのデフォルトのドラッグ & ドロップ機
能は自分のドラッグ & ドロップとコンフリクトしないように ondragstart を使用
して無効にします。

**解答
7-10**

① intersectRect

② getBoundingClientRect

③ <=

④ >=

　比較的難しい問題ではないと思います。画像を使用する時に 2 つのことを検討
しておく必要があります。1 つは、画像が長方形に含まれるかどうかの判断を行

います。この長方形は getBoundingClientRect メソッドで取得できます。このメソッドは DOMRect オブジェクトを返します。オブジェクトが含むプロパティは、x, y, width, height, top, right, bottom, left です。もう 1 つは、y 軸は下向きです。つまり (0, 0) の頂点は画面やドキュメントや要素などの左上の角です。この 2 点が理解できれば、あとは intersectRect に関する幾何学の問題ですね。最後に、猫がネズミを捕まえる瞬間は猫が動いている間にだと理解し、onPointerMove ハンドラーの中で確認します。

解答 7-11

① maxX

② maxY

③ setInterval

④ clearInterval

⑤ <

⑥ >

　アニメーションの復習ですね。setInterval メソッドは、一定の遅延間隔を置いてコードを繰り返し呼び出します。そして、インターバルを一意に識別できる ID を返します。インターバルを削除するように、この ID を clearInterval に渡します。本コードで 5 ミリ秒ごとに無名関数のコードを実行して、ID は move 変数に入れたので、current 座標は target 座標になったら clearInterval(move) を呼び出したらアニメーションが止まります。アニメーション自体は行先の方向に 10 ピクセル（x 軸と y 軸両方）進ませます。方向を計算するのは間違えやすいところなので、難しかった場合はペン＆ペーパーで慎重に絵を描いて確認することがおすすめです。

■ JavaScript ミニ知識　oninput と preventDefault

　input イベントは値が変更された後に発生しますので、event.preventDefault() を使用して、値を変更するなどのロジックはダメです。イベントが発生したらもう遅すぎて、event.preventDefault() を呼び出しても影響がありません。input イベントは便利ですが、場合によってほかのイベントを利用するしかありません。

非同期処理と AJAX

　JavaScript のプログラムはシングルスレッドで稼働し、同時並行で稼働することはありません。これは、Python などの他のスクリプト言語と同様です。そのため、並列プログラミングの難しいことは簡単なプログラムでは顕在化することがなかったのですが、クライアントとして通信処理を行う AJAX の仕組みが導入された頃から非同期処理が積極的に使われるようになって並行処理の問題への対処が必要になりました。現状では JavaScript であっても、ある意味「記述した順番に実行しない」状況にうまく対処できるようにする必要が出てきました。

8.1　非同期処理のための仕組み

　非同期処理は、例えばある関数を呼び出した時、呼び出した先の関数の処理が終了することを待たずに、呼び出した関数以降のプログラムが実行されるような処理です。これに対して、呼び出した先の関数が終了して返り値が返ってくるを待つのは同期処理と呼ばれます。通常は同期処理を行いますが、通信や、タイマーなど一部の処理は非同期処理になります。同期処理なら、その次のステートメントは、関数の先の処理が全部終わってから実行されます。ところが非同期だと関数の先の処理が終わるどころか始まるよりも先に、次のステートメントに行くかもしれません。呼び出した先がどのタイミングで稼働するのか、一概には言えなくなっており、

動作の状況を理解した上で利用しないといけないのは言うまでもありません。

　当初は window プロパティで利用できる setInterval や setTimeout メソッド で非同期処理が行えました。また、window 以外のオブジェクトにも使えるものの、 Web ページ内で使う場合は window を省略できるのでメソッドだけを書くことが 多いでしょう。いずれも、最初の引数に非同期処理の関数などを記述し、2 つ目の 引数で繰り返す間隔や待ち時間をミリ秒単位の整数で指定します。もちろん、前者 は繰り返し関数を非同期に呼び出し、後者は時間を置いて 1 度だけ呼び出します。 Chapter 7 で紹介した requestAnimationFrame メソッドも画面更新が必要なタイ ミングで引数の関数を呼び出すので、非同期処理を行うものです。

　すぐ後に説明する XMLHTTPRequest が広く使われるようになって、何の助けもな く非同期処理を記述することは非常に困難であることが分かり、Promise という仕 組みが導入されました。元々は並行処理プログラミングのパターンとして認識され ていた手法がそのままクラス名になっています。Promise クラスのオブジェクトを 生成する時に引数に関数を渡します。その関数はオブジェクト生成後すぐに実行さ れますが、関数である 2 つの引数を取り、どちらかの関数を呼び出すまで非同期処 理が続きます。加えて、Promise クラスでは then メソッドが利用でき、オブジェ クト生成時の関数を実行後、then で指定した関数を順次実行することができます。 つまり、次のような記述が可能で、コンストラクタや then メソッドの引数の中で 非同期処理があったとしても、つまりはここに書いた順序で実行が行われることに なります。コンストラクタの引数にある 2 つの引数の無名関数ですが、名前は何で もいいのですが、混乱しないために resolve と reject と書きます。resolve を実 行すると then 以下を実行し、reject を実行すると then と同様に記述した catch メソッドの引数の関数を実行します。また、then の中で例外を発生させると後続す る catch で登録した関数の実行に移行できます。

```javascript
new Promise((resolve, reject) => {
  const wd = (new Date()).getDay()
  if (wd == 0 || wd == 6) reject()  // 土日なら何もしない
  else                    resolve() // 平日なら働いてランチを食べる！
}).then((result) => { console.log("Working!") }
  .then((result) => { console.log("Eating Lunch!") }
```

関数間での値の渡し方など、Promise はかなりたくさんの機能を持っています。

非同期処理を実装する方は、一度はしっかりと学習されることをおすすめします。

　Promise で非同期処理がかなり見通し良く作れるようになりましたが、if 文の中にあったり、繰り返しの中に非同期があるような場合は Promise を使ってもかなりの工夫が必要になります。そこで、非同期処理も、同期処理のように終わるのを待つようにする仕組みとして、Promise の前に記述する await キーワードがあります。await は Promise の結果を待つ動作をするのですが、さらに、async を関数定義の最初に記述する必要もあります。若干制約があるものの、await と async によって、非同期処理があっても大局的には同期処理のように記述できて便利です。

8.2　通信を行って結果を得る

AJAX（Asynchronous JavaScript and XML）は、文字通り JavaScript で XML を処理するのですが、通信して結果を取ってくることまでを含めた概念です。2005 年に登場したコンセプトですが、その後の JavaScript の立ち位置を決めるほどの強いインパクトを与えました。現在では JSON を使うことが多くなり XML には限りません。また、通信処理は同期通信も可能なので必ずしも「A」ではないものの、このキーワードはすっかり一人歩きしました。

　AJAX を実現するのが XMLHTTPRequest クラスです。生成後、open メソッドで動作を定義します。最初の引数は "POST" などのメソッド、2 つ目は URL で、それ以降はオプションで同期か非同期か、ユーザー名、パスワードを指定します。そして send メソッドが非同期で実行されて背後で通信が行われます。POST での通信の場合、send メソッドの引数にボディを指定します。ヘッダのカスタマイズなどで様々な機能が用意されています。通信結果を受け取るには、onreadystatechange プロパティに関数を代入します。その関数の中で readyState プロパティにより通信状態を確認し、通信が終了したら、responseText プロパティから JSON.parse メソッドを使って得るなどの方法があります。

　XMLHTTPRequest クラスをそのまま利用することも一般に行われていますが、複雑な処理が絡むと Promise の中で XMLHTTPRequest クラスを利用することも行われます。さらに、この 2 つを合体させたような fetch メソッドがあります。これは windows プロパティから利用できるので、省略してメソッド名だけで使うことが一般的です。引数に URL の文字列を渡し、fetch メソッドの返り値に then メソッドを定義するという使い方は Promise のようなものです。この時、then で指定する関数の最初の引数にレスポンス情報が渡され、そのオブジェクトを元に、ステータスコードやあるいはボディの内容が得られます。

8.3　本章のプログラムの実行方法

　この章のプログラムのうち問 8-1〜8-6 は、JavaScript の世界で完結していま
す。プログラムを .js ファイルに作成し、Node.js を利用して「node Q8-01.js」
といったようにコマンド入力して実行するのが 1 つの方法です。もしくは、配布し
ている問題ファイルをご利用ください。

　問 8-7 のプログラムは、ブラウザー上で稼働しないと利用できません。HTML
ファイルを作成し、問題文のコードを body タグ部分に記述することで動作確認は
可能です。

　問 8-8 以降のプログラムは AJAX に関する内容である都合上、ウェブサーバー
を稼働しブラウザーからそこにアクセスして動作確認する必要があります。配布し
ている問題ファイルの該当ディレクトリーがカレントディレクトリーになるよう
移動してから、「npm install」とコマンド入力するとウェブサーバー稼働のための
モジュール（Express.js）がインストールされます。その後、「npm start」とコマ
ンド入力すると、ポート番号 3000 でウェブサーバーが稼働します。この状態で
ブラウザーで「http://localhost:3000」にアクセスすることで動作確認できます。
HTML ファイルと JavaScript ファイルは「public」フォルダーに配置されていま
す。必要に応じて、これらのファイルを編集してください。

問 8-1（No.103）　チクタク

　次のプログラムは、実行すると約 1 秒おきに文字列 tick、tack を交互に出力する（最初に出力する文字列は tick）。空欄を埋めよ。

```
let n = 0

setInterval(() => {
  console.log(n % 2 === 0 ? '    ①    ' : '    ②    ')
  n++
},    ③    );
```

問 8-2（No.104）　あいさつタイマー

　次のプログラムは実行すると約 1 秒おきに挨拶を出力する。空欄を埋めよ。

```
const messages = ['おはよう', 'こんにちは', 'さようなら', 'おやすみ']

let index = 0
setTimeout(() => {
  console.log(messages[    ①    ])
  setTimeout(() => {
    console.log(messages[    ①    ])
    setTimeout(() => {
      console.log(messages[    ①    ])
      setTimeout(() => {
        console.log(messages[    ①    ])
      },    ②    )
    },    ②    )
  },    ②    )
},    ②    )
```

① tick

② tack

③ 1000

　setInterval メソッドは、第一引数に渡した関数を繰り返し実行します。繰り返しの周期は第二引数で指定可能で、単位はミリ秒です。

　本問題での setInterval メソッドに渡すコールバック関数では、変数 n が偶数か否かで出力する文字列を決めています。n の初期値が 0 であること、および、問題文の内容から、n の値が偶数の時に tick を、奇数の時に tack を出力すればよいと判断できます。

① index++

② 1000

　setTimeout 関数は第二引数で指定したミリ秒後に、第一引数のコールバック関数を実行します。本プログラムでは setTimeout 関数を連続して呼び出すために、ネストが深くなり可読性が低下しています。このコールバック地獄を回避する手段としては、次問以降に登場する Promise や async/await が役に立ちます。

　ちなみに①の答えを ++index とすると、1 秒おきに出力される文字列は「こんにちは」「さようなら」「おやすみ」「undefined」となってしまうので誤りです。

問 8-3（No.105）　あいさつタイマー（Promise 版 1）

★★
JavaScript

次のプログラムは ES6 で導入された Promise を活用して問 8-2 と同じ結果を得ている。空欄を埋めよ。

```javascript
const messages = ['おはよう', 'こんにちは', 'さようなら', 'おやすみ']

let index = 0
function delayMessage(resolve) {
  setTimeout(() => {
    console.log(messages[    ①    ])
        ②     ()
  }, 1000)
}

function showMessages() {
  (new Promise(delayMessage))
    .    ③    (() => new Promise(delayMessage))
    .    ③    (() => new Promise(delayMessage))
    .    ③    (() => new Promise(delayMessage))
}

showMessages()
```

解答
8-3

① index++

② resolve

③ then

　setTimeout のような非同期処理を行う関数を順に呼び出す時に陥りがちな「コールバック地獄」を回避する手段として、ES6 以降では Promise が役立ちます。

　Promise オブジェクトを生成すると、コンストラクタの引数に指定したコールバック関数が実行されます。このコールバック関数内に非同期処理を記述することになりますが、非同期処理の最後に処理が正常終了したことを示すために第一引数 resolve を呼び出す必要があることに注意が必要です。resolve が呼び出されると、それに続いて then メソッドに渡されたコールバック関数が呼び出されます。

　Promise オブジェクトと then メソッドを用いて関数 showMessages を素直に記述すると以下のようなコードとなります。

```
function showMessages() {
  const promise1 = new Promise(delayMessage)
  const promise2 = promise1.then(() => {
    return new Promise(delayMessage)
  })
  const promise3 = promise2.then(() => {
    return new Promise(delayMessage)
  })
  const promise4 = promise3.then(() => {
    return new Promise(delayMessage)
  })
}
```

　このコードをメソッドチェーンを用いて記述すると、問題文のようにスッキリしたコードになります。

問 8-4（No.106）　あいさつタイマー（Promise 版 2）
★★
JavaScript

次のプログラムは問 8-3 と同じく、Promise を活用して 1 秒おきにあいさつを出力するものである。空欄を埋めよ。

```javascript
const messages = ['おはよう', 'こんにちは', 'さようなら', 'おやすみ']


let index = 0
function delayMessage() {
  return     ①     Promise(resolve => {
    setTimeout(() => {
      console.log(messages[    ②    ])
          ③     ()
    }, 1000)
  })
}


function showMessages() {
  delayMessage()
    .    ④    (delayMessage)
    .    ④    (delayMessage)
    .    ④    (delayMessage)
}


showMessages()
```

解答 8-4

① new
② index++
③ resolve
④ then

　問 8-3 との違いは、Promise オブジェクトの生成位置です。問 8-3 では showMessages 関数の中で Promise オブジェクトを計 4 回生成していましたが、この問題では Promise オブジェクトの生成を delayMessage 関数の中で実行しています。delayMessage 関数の処理が若干複雑になった分、showMessages のコードがより簡潔になっています。

■ JavaScript ミニ知識　メソッドチェーン

　メソッド呼び出しを鎖のように連結させて呼び出すことを**メソッドチェーン**と呼びます。メソッドチェーンを用いると局所変数の数が減るので、変数の命名に頭を悩ませる時間を減らせたり、変数が本来の思惑とは異なる使われ方をしてしまう事故を防止できる、といった効果を得られます。また、コードの量が減るので可読性が高まる、という利点もよく挙げられます。本章では Promise の then メソッドや catch メソッドを呼び出す箇所でメソッドチェーンを用いていますが、Promise とは無関係の場面でも当然利用可能です。例えば、配列を連続して操作する必要がある場面でも役に立ちます。

　配列 values から、「0 より大きく」「偶数」な数値を取り出し、昇順に並び替えた結果を出力するためのコードはメソッドチェーンを用いないと例えば以下のようになります。局所変数は 3 つ登場します。

```
const plusValues = values.filter(val => 0 < val)
const plusEvenValues = plusValues.filter(val => val % 2 === 0)
const sortedPlusEvenValues = plusEvenValues.sort((a, b) => a - b)
sortedPlusEvenValues.forEach(val => console.log(val))
```

　これに対し、メソッドチェーンを用いると以下のように局所変数なしで、短く記述できます。

```
values.filter(val => 0 < val).filter(val => val % 2 === 0)
    .sort((a, b) => a - b).forEach(val => console.log(val))
```

問 8-5 (No.107)　あいさつタイマー（async/await 版）

次のプログラムは問 8-4 と同じく、1 秒おきにあいさつを出力するものである。ただし、ES8 で導入された async キーワードと await キーワードを用いて記述されている。空欄を埋めよ。

```javascript
// 問8-4と同様に変数message、index、関数delayMessageが定義されている

┌─── ① ───┐ function showMessages() {
    ┌── ② ──┐ delayMessage()
    ┌── ② ──┐ delayMessage()
    ┌── ② ──┐ delayMessage()
    ┌── ② ──┐ delayMessage()
}


showMessages()
```

問 8-6 (No.108)　ウトウトした時間 zzz（Promise 版）

次のプログラムはランダムな時間（～999 ミリ秒）経過後、その経過時間を出力するものである。空欄を埋めよ。

```javascript
function sleepRandom() {
  return new Promise(resolve => {
    const sleepTime = Math.floor(Math.┌── ① ──┐() * 1000)
    setTimeout(() => { ┌── ② ──┐(┌── ③ ──┐) }, sleepTime)
  })
}


console.log('おやすみなさい')
sleepRandom().then(
    ┌── ④ ──┐ => console.log(`${time}ミリ秒眠ってしまいました。`))
```

① async

② await

ES8 で Promise オブジェクトを利用するコードの糖衣構文として async/await が導入され、より簡潔に非同期処理を記述できるようになりました。

本文のように Promise を return する関数を呼び出す際に、await キーワードを付与することで、Promise オブジェクトの then メソッドを明示的に呼び出すことなくコードを記述できるようになったのです。ただし、「await キーワードは async キーワードが付与された関数内でのみ利用可能」という強い制約が存在します。「await キーワードを用いる時には、async キーワードとセットで！」と認知しておくと良いでしょう。

① random

② resolve

③ sleepTime

④ time

sleepTime 関数呼び出し時の第二引数に渡す値 sleepTime は、Promise オブジェクト生成時のコールバック関数内で計算しています。この sleepTime の値を then メソッドのコールバックメソッド内でも参照したい、という状況に置かれています。「Promise オブジェクトに渡すコールバックメソッド内での計算結果」を、「後続の then メソッドのコールバックメソッド内でも利用する」には resolve メソッド呼び出し時に引数を渡す必要があります。「resolve メソッド呼び出し時に渡した引数」が、「then メソッドに渡したコールバック関数の引数として利用できる」ようになります。

```
new Promise(resolve => {
    // 何らかの非同期処理
    resolve( 引数arg )
}).then( (引数arg) => { /* arg を用いた処理 */ } )
```

問 8-7（No.109）　うまくいくとは限らない

★★
JavaScript

　次のプログラムでは「引数で指定された秒数後にコメント欄に記述された文字列を読み取る」関数を定義、呼び出し、読み取った文字列を表示している。ただし、コメント欄が空白な場合はエラーとして扱い、その旨表示することにしている。空欄を埋めよ。

```html
<body>
  <div>
    <p>ページ読み込み後、10秒以内にコメントを記述してください</p>
    <input id="comment" type="text" placeholder="コメント欄"></input>
  </div>
  <script>
    function delayGetComment(sec) {
      const commentElement = document.getElementById('comment')
      return new Promise((resolve, reject) => {
        setTimeout(() => {
          const comment = commentElement.value
          if(0 < comment.trim().length)   ①    (comment)
          else    ②    (new Error('コメント欄が未記入です。'))
        }, 1000 * sec)
      })
    }

    delayGetComment(10).   ③    (comment => {
      alert(`コメント "${comment}" のご記入ありがとうございます。`)
    }).   ④    (err => {
      alert(`エラーが発生しました。 ${err.message}`)
    })
  </script>
</body>
```

① resolve   ③ then

② reject   ④ catch

Promise を用いて非同期処理をする時、その処理を終えた時に第一引数の resolve を呼び出す例はこれまでにも出てきました。

ただし resolve は正常終了した時に呼び出すべきものであり、「正常には終了できなかった」ことを示すためには第二引数の reject を呼び出す必要があります。

reject が呼び出されたときに、そのエラー結果を受けて処理するには Promise.catch メソッドを活用できます。reject 呼び出し時にエラーの内容を引数として渡すことで、catch メソッドのコールバック関数にエラー内容を伝達できます。

なお、delayGetComment 関数を呼び出すコードを async/await を用いて書き換えると以下のようになります。async/await を用いる場合、try-catch 句を用いての例外処理の表現が可能になります。

```
(async () => {
  try {
    const comment = await delayGetComment(10)
    alert(`コメント "${comment}" のご記入ありがとうございます。`)
  } catch(err) {
    alert(`エラーが発生しました。 ${err.message}`)
  }
})()
```

問 8-8（No.110）　Fetch API による AJAX

★★
JavaScript

次のプログラムは Fetch API を用いた AJAX 通信のサンプルである。ページ内に配されているあるボタンが押下されたときに updateWeatherInfo 関数が呼び出されるようにコーディングされているものとする。updateWeatherInfo 関数はサーバーと AJAX 通信し、その通信結果をもとに DOM 要素を更新する。/api/weathers からは {"today":"fine","tomorrow":"rain"} のようなレスポンスが JSON フォーマットで返ってくるものとする。空欄を埋めよ。

```
const weatherURL = '/api/weathers'

function updateWeatherInfo() {
  fetch(weatherURL)
    .    ①    (response => { return response.   ②   () })
    .    ③    (weathers => {
      const { today, tomorrow } = weathers
      document.getElementById('today').innerHTML
                    = `Today : ${today}`
      document.getElementById('tomorrow').innerHTML
                    = `Tomorrow: ${tomorrow}`
    })
}
```

解答 8-8

① then

② json

③ then

　AJAX のフロントエンド側のプログラムは、XMLHttpRequest を用いたり、jQuery や axios などの便利なライブラリを活用して実現する時代が長らく続きました。しかし近年、Promise ベースの API である「Fetch API」が多くのブラウザーで利用できる環境が整い、その便利さから利用が拡大しています。

　Promise ベースの FetchAPI を利用する場合の基本形は以下のようなコードとなります。

```
fetch(/* URL */)
    .then((response) => { /* サーバーからのレスポンスに応じた処理 */
})
```

　上記コード内の response オブジェクトの json メソッドを呼び出すと、JSON フォーマットのレスポンスデータをオブジェクトに変換する Promise が返ってきます。この json メソッドを活用することで、レスポンスデータが JSON の場合の処理は以下のようなコードで記述できるようになります。

```
fetch(/* URL */)
    .then((response) => { return response.json() })
    .then((responseObject) => { /* レスポンスデータに応じた処理 */ })
```

async/await を用いると、以下のようなコードとなります。

```
async function updateWeatherInfo() {
  const response = await fetch(weatherURL)
  const weathers = await response.json()
  document.getElementById('today').innerHTML
                      = `Today : ${weathers.today}`
  document.getElementById('tomorrow').innerHTML
                      = `Tomorrow: ${weathers.tomorrow}`
}
```

問 8-9 (No.111)　Fetch API による AJAX（例外処理）

★★
JavaScript

次のプログラムは問 8-8 とほぼ同じ内容だが、AJAX 通信の結果がレスポンスエラーの場合には、エラーメッセージを表示するように拡張されている。空欄を埋めよ。

```javascript
const weatherURL = '/api/weathers'

const todayElement = document.getElementById('today')
const tomorrowElement = document.getElementById('tomorrow')
const errorElement = document.getElementById('error')

function showWeather(today, tomorrow) {
  todayElement.innerHTML = `Today : ${today}`
  tomorrowElement.innerHTML = `Tomorrow: ${tomorrow}`
  errorElement.innerHTML = ''
}

function showError(errorMessage) {
  todayElement.innerHTML = ''
  tomorrowElement.innerHTML = ''
  errorElement.innerHTML = errorMessage
}
// プログラムは次のページに続く
```

```javascript
function updateWeatherInfo() {
  fetch(weatherURL)
    .    ①    ((response) => {
      if(response.ok) {
        return response.    ②    ()
      } else {
            ③       new Error(
          `status code : ${response.status}`) }
    })
    .    ④    (weathers => { showWeather(weathers.today,
                                        weathers.tomorrow) })
    .    ⑤    (err => { showError(err.message) })
```

（解答は、2 ページ先にあります）

問 8-10（No.112）　AJAX によるセレクトボックスの更新 ★★ JavaScript

以下のプログラムにおける updateGemSelector 関数は、サーバーから宝石（gem）の一覧（フォーマットは JSON）を取得し、それをもとにセレクトボックスのメニューを更新する。問 8-9 と同様、AJAX 通信を Fetch API を用いて実現している。空欄を埋めよ。

/api/gems からは以下のようなレスポンスが JSON フォーマットで返ってくるものとする。

```json
[ { "id": "A-09", "name": "エメラルド", "price": 30000 },
  { "id": "A-12", "name": "ダイアモンド", "price": 90000 },
  { "id": "B-23", "name": "オパール", "price": 12000 } ]
```

```javascript
const urlGems = "/api/gems"
const gemSelector = document.getElementById("gem-selector")
const errorMessage = document.getElementById("error-message")
```

```
function updateGemSelector() {
  gemSelector.innerHTML = ""
  errorMessage.innerHTML = ""


  [    ①    ](urlGems)
   .[    ②    ](response => {
     if (!response.ok) {
        [    ③    ] new Error(`status code : ${response.status}`)
     }
     return response.json()
   })
   .[    ④    ](gems => {
     const optionElements = gems.[    ⑤    ](gem => {
       const { id, name, price } = gem
       const optionElement = document.createElement("option")
       optionElement.id = id
       optionElement.value = name
       optionElement.innerHTML = `${name} / ${price}円`
       return optionElement
     })
     optionElements.forEach(
       optionElement => gemSelector.appendChild(optionElement))
   })
   .[    ⑥    ](err => {
     gemSelector.innerHTML = ""
     errorMessage.innerHTML = err.message
   })
}
```

（解答は、2 ページ先にあります）

解答 8-9

① then　　　　　④ then
② json　　　　　⑤ catch
③ throw

Fetch API は Promise ベースなので、レスポンスエラーが発生した場合は以下のようなコードで対応できると思う方もいるかもしれません。

```
fetch(/* URL */)
  .then((response) => {
    return response.json()
  })
  .then((responseObject) => {
    /* レスポンスデータに応じた処理 */
  })
  .catch((err) => {
    /* 例外処理 */
  })
```

しかし少し意外なことに、Fetch API 内でレスポンスエラーが発生しても reject() は呼び出されません。Fetch API 内で reject() が呼び出されるタイミングはネットワークが切断されているような状況に限られているのです。

レスポンスエラーの検知には、response オブジェクトの ok プロパティを活用する必要があります。ok プロパティが true な時はレスポンスが正常、false な時は非正常であることを意味します。よって、レスポンスエラーに対応することを含めた典型的なコード例は以下のようになります。

```
fetch(/* URL */)
  .then((response) => {
    if(response.ok) { return response.json() }
    else { throw new Error('...') }
  })
  .then((responseObject) => {
    /* レスポンスデータに応じた処理 */
  })
```

```
      .catch((err) => {
        /* 例外処理 */
      })
```

async/await を用いると、以下のようなコードとなります。

```
async function updateWeatherInfo() {
  try {
    const response = await fetch(weatherURL)
    if(!response.ok) {
      throw new Error(`status code : ${response.status}`)
    }
    const weathers = response.json()
    showWeather(weathers.today, weathers.tomorrow)
  }
  catch(err) {
    showError(err.message)
  }
}
```

解答 8-10

① fetch　　　　　④ then
② then　　　　　⑤ map
③ throw　　　　　⑥ catch

　問 8-8, 問 8-9 とほぼ同じような問題設定ですが、AJAX のレスポンスの内容が配列となっている点が異なります。この問題のようにレスポンス内の配列をもとにDOM 要素を作りたくなる場面は多く、そのような時には Array クラスの map 関数が役立ちます。async/await を用いると、以下のようなコードとなります。

```
async function updateGemSelector() {
  gemSelector.innerHTML = ""
  errorMessage.innerHTML = ""
```

```javascript
  try {
    const response = await fetch(urlGems)
    if (!response.ok) {
      throw new Error(`status code : ${response.status}`)
    }
    const gems = await response.json()
    const optionElements = gems.map(gem => {
      const { id, name, price } = gem
      const optionElement = document.createElement("option")
      optionElement.id = id
      optionElement.value = name
      optionElement.innerHTML = `${name} / ${price}円`
      return optionElement
    })
    optionElements.forEach(
      optionElement => gemSelector.appendChild(optionElement))
  } catch (err) {
    gemSelector.innerHTML = ""
    errorMessage.innerHTML = err.message
  }
}
```

Chapter 9

Node.js でのサーバーサイド処理

JavaScript はウェブブラウザーだけでなく、**Node.js** で稼働することができます。Node.js はサーバーとして稼働することが主目的ながら、ブラウザー向けのコードの単体テストに使うなど、様々な使われ方がされています。また、Node.js と同時にインストールされるパッケージ管理のためのコマンド **npm**（Node Package Manager の略）で、ライブラリの管理が手軽にできる点も評価され、ブラウザーに次ぐ JavaScript の実行環境として広く利用されています。

9.1　モジュールを取り込む

Node.js は JavaScript 実行環境なので、もちろんビルトインの関数などは用意されているものの、基本的な言語の処理などを行うのが中心です。サーバー機能をはじめ、多くの機能は**モジュール**と呼ばれるライブラリを利用します。Node.js 標準でもモジュールはたくさん用意されていますが、npm コマンドを利用してインストールして利用する場合もあります。

代表的なモジュールは、ポートを開いてリクエストを待つ動作を行う HTTP でしょう。const http = require('http') と記述することで、'http' で参照されるモジュールを取り込みます。require('http') で参照を返しますが、この参照を、多くの場合モジュール名と合わせた名前の http という変数に代入しておきます。

9.2　サーバー機能の HTTP モジュール

　HTTP モジュールでは、createServer という関数があり、参照している変数 http をオブジェクトとしてみれば、http.createServer のようにメソッドのような形で利用して、サーバー機能を生成できます。生成したクラスは、HTTP モジュールの Server クラスで、正確には http.Server と記載されます。createServer メソッドは引数に関数を指定し、その関数はサーバーへのリクエストがあった時に呼び出されます。そして、Server クラスのこのクラスにある listen メソッドを利用すれば、指定したポートを開いて、ネットワークからの通信を受け付けるようになります。ここで、クライアントからのリクエストは、HTTP モジュールに http.IncomingMessage クラスとして定義されており、一方対応するレスポンスは同様に http.ServerResponse クラスとして定義されています。createServer メソッドの引数に指定する関数は 2 つの引数を持つように定義し、1 つ目は IncomingMessage クラスのオブジェクト、2 つ目は ServerResponse クラスのオブジェクトが引き渡されます。そのため、リクエストとレスポンスのオブジェクトを生成する必要はほとんどなく、そこに用意されたプロパティやメソッドを利用して、リクエストを分析し、それに応じたレスポンスを返すというプログラムを組めば、サーバーとして稼働します。

　リクエストに関しては、メソッドを得る method プロパティ、パス以降パラメーターを含めた URL を得る url プロパティ、引数に指定した名前のヘッダを得る getHeader メソッドなどがよく使われるものです。URL の分析は、URL モジュールを require('url') で得て、parse メソッドの引数にレスポンスの url プロパティを指定します。すると、url のコンポーネントに分離した結果がプロパティとして得られ、pathname や search プロパティなどから必要な情報を得ることができます。リクエストに path プロパティがありますがサーバーの応答ではこのプロパティには何も設定されていないので、パスの取得には URL モジュールを利用します。また、POST 時のボディや URL のパラメーターの解析には Query string モジュールが便利です。require('querystring') で得て、parse メソッドで元データを与えると、オブジェクトとして結果が返されます。レスポンスに対しては、応答のステータスコードを示す statusCode プロパティ、ボディを書き出す write メソッド、レスポンスを終了する end メソッド、ヘッダ名と値を引数に指定してヘッダを追加する setHeader メソッドなどが使われます。

9.3　イベント処理

　クラスには**イベント**が定義されており、オブジェクトに対して on メソッドを適用し引数にイベント名とイベントハンドラーを指定することで、イベントに対応することができるようになります。イベントハンドラーを使う必要が出てくるのは、POST によるサブミットの結果を受け取るような場合です。http.IncomingMessage は、stream.Readable を継承しており、そちらで、close、data、end、error などのイベントが定義されています。通常は、通信が発生すると data イベントが発生し、ハンドラーが呼び出されます。ハンドラーの引数は通信で送られてきたデータになります。大きなデータあるいは低速通信時では data イベントは何度も発生するので、その都度通信結果のデータを蓄積する必要があります。通信が終了すると end イベントが発生し、蓄積した通信結果を処理します。

9.4　npm による外部モジュール管理

　ビルトインのモジュールは require によって読み込めばすぐに利用できますが、ビルトインされていないものについてはインストールが必要です。しかしながら、npm コマンドを利用することで、ダウンロードとインストールがコマンド 1 つで行え手軽に利用できます。例えば、よく利用されるウェブサーバーのモジュールである Express.js を利用するためには、const express = require("express") のように JavaScript 側で記述して、変数 express を通じてモジュールの機能を利用しますが、何もしないとまだ Express.js のモジュール自体が Node.js がロードできる場所にないので、エラーになります。そこで、「npm install express --save」のように install サブコマンドを指定して npm コマンドを実行します。その後の express はモジュール名です。npm でインストールできるモジュールは、npm 社によって管理されており、通信処理などを自動的に行なって、コマンドを実行したクライアントにインストールします。通常は、カレントディレクトリーに node_modules フォルダーを作り、その中にモジュールごとにフォルダーを作って管理されます。フォルダーの中身は自動的に管理されており、それ以上何かすることなく、カレントディレクトリーにある JavaScript のプログラムから、require で読み込めるようになります。npm コマンドを --global を付けて実行すると、Node.js が参照可能なシステム側の領域にモジュールが保存されます。管理者権限が必要になることが一般的ですが、この方法だと、複数のプログラムでモジュールを共通化できます。

　npm を使う場合、モジュールのインストールだけでなく、パッケージ管理機能

を使うと自分で作ったアプリケーションなどの管理にも便利になります。あるディ
レクトリーでスクリプトを入れておくとすると、そのディレクトリーをカレント
ディレクトリーにして「npm init」コマンドを打ち込みます。いくつかの質問が出
ますが、まずは全部リターンで過ごしてもいいです。すると、package.json ファ
イルが作られ、そのファイルがディレクトリー内部を 1 つのモジュールのように
扱えるようになります。このファイルには自分で使うモジュールを記述できます。
ディレクトリーで、npm install によりモジュールをインストールする時、--save
オプションを付けることで、package.json ファイルに「使用するモジュール」と
して記録されます。その後、package.json と自作のプログラムなどをセットにし
て配布した場合、使用するモジュールは配布先で npm install や npm update コ
マンドを入れることで、自動的にダウンロードします。モジュールがモジュールを
必要とするような場合も自動的にさばいてくれるので、プログラムの管理が楽にな
ります。こうして作った自作のモジュールを GitHub などのレポジトリに公開す
るとともに npm publish コマンドで公開すると、npm install でインストールが
できるようになります。

9.5　本章のプログラムの実行方法

　この章のプログラムは、Node.js をインストールして稼働してください。
Q9-1～9-5 までは、コマンドを入力可能な状態、かつスクリプトのファイルが
カレントディレクトリーにある状態で「node　ファイル名」によってスクリプトを
稼働させてください。画面にエラーが出ないことを確認し、ウェブブラウザーで
「http://localhost:3000」にアクセスするのが基本です。Q9-6～9-8 について
は、問題中に稼働方法を示しました。配布している問題ファイルを使えば入力する
手間は省けます。

問 9-1（No.113）　サーバーのポートを開く

次のコードは、Node.js を使用してサーバーとして稼働する。HTTP による要求を 3000 番ポートで受け取れるようにしたい。また、GET メソッドによるリクエストで URL に含まれるパスがルートの場合はリソースが存在するとして HTTP ステータスコードを 200 で返すが、それ以外のパスの場合には HTTP ステータスコード 404 で応答する。このように動作するように空欄を埋めよ。

```javascript
const http =     ①     ('http')
const url =     ①     ('url')
const port = 3000

const server = http.    ②    ((req, res) => {
  const reqUrl = url.    ③    (req.url, true)
  if (reqUrl.path === '/' && req.    ④    === 'GET') {
    res.    ⑤    = 200
    res.setHeader('Content-Type', 'text/plain')
    res.end('Hello, World!')
  } else {
    res.    ⑤    = 404
    res.setHeader('Content-Type', 'text/plain')
    res.end('パスが存在しません')
  }
})

server.    ⑥    (    ⑦    , () => console.log('稼働しました'))
// 出力例：稼働しました
```

**解答
9-1**

① require
② createServer
③ parse
④ method
⑤ statusCode
⑥ listen
⑦ port　または、3000

　HTTP を受け取るサーバーを作成するには、HTTP モジュールを最初に読み込みます。そのための require が①で、以後は変数 http がサーバーとして稼働するモジュールになります。そして、サーバーとして稼働するオブジェクトを得るには、②のように変数 http に対して createServer メソッドを使用します。このメソッドの引数は、HTTP リクエストが到着した時に呼び出される関数を記述します。2 つの引数を持ち、最初の変数 req は到着したリクエスト、次の変数 res にはレスポンスのオブジェクトを参照しています。この関数内で res のプロパティやメソッドを利用することで、リクエストに対するレスポンスを構築できます。

　パスを分析するには URL を調べる必要があります。そのために URL モジュールを取り込み、リクエストを示す req より url プロパティで URL を得て、③のように parse メソッドを利用します。その結果から path プロパティを参照すれば、URL に含まれるパスが得られます。また、④のように method プロパティではメソッドが得られます。

　関数内では、レスポンスに相当する res に対して⑤のように statusCode プロパティに代入することで、ステータスコードを設定できます。また、setHeader メソッドでヘッダを設定できます。ボディ部については res に write メソッドを適用すれば、メソッドの引数をレスポンスのボディに追加します。なお、レスポンスの構築が終わったことを示すために end メソッドを呼び出しますが、このメソッドは write の機能もあるので、変数 1 つだけを送信してそれで最後であれば、このように write は利用せず end だけで終わることも可能です。

　そして、変数 server に対して、⑥のように listen メソッドを実施することで、実際にポートがリッスンされてサーバーとして動作します。このメソッドの最初の引数はポート番号を指定します。もちろん、整数で指定してもいいのですが、コード上の上から 3 行目にある変数を使うのが変数名や流れの上でも自然でしょう。

問 9-2（No.114）　パスをパンくずで表示

　次のプログラムは、現在のパスの「パンくず」を文字列として返す。パンくずとは、ウェブサイトまたはウェブアプリケーションで、ユーザーが現在どの位置のページにいるのかを明らかにする一種のナビゲーション手法である。ここで、URLのパスが、/home/product/about であるのなら、パンくず部分の表示は「home > product > about」としたい。このように動作するように空欄を埋めよ。

```javascript
const http = require('http')
const url = require('url')
const port = 3000

const server = http.createServer((req, res) => {
    const reqUrl = url.    ①    (req.url, true)
    const response_text
      = `${reqUrl.    ②    .slice(1).replace(/\//gi, ' > ')}`
    res.statusCode = 200
    res.setHeader('Content-Type', 'text/plain')
    res.end(response_text)
})

server.listen(port, () => console.log('稼働しました'))
// 出力例：稼働しました
```

① parse

② pathname

　URL の解析をするには、URL モジュールを読み込んで利用します。そこにある parse メソッドは、HTTP リクエストに相当する変数 req によるオブジェクトの url プロパティを引数に取り、UrlWithParsedQuery クラスのオブジェクトを返します。このオブジェクトにある pathname プロパティを参照すれば、ルートからのパスを文字列で得られます。

■ 次ページ問 9-3 の続き

```
  } else if (reqUrl.pathname === '/post_name' &&
          req.method ===    ①    ) {
    var body = ''
    req.on('data', function (chunk) { body += chunk })
    req.on('end', function () {
      const postBody = querystring.   ②   (body)
      const name = postBody.   ③    || ''
      output(res, page('Form Output',
        `<h1>こんにちは, ${name} さん!</h1>`))
    })
  }
})

server.listen(port, () => console.log('稼働しました'))
// 出力例：稼働しました
```

問 9-3（No.115）　フォームとのやりとり

次のコードは、あるパスを通じてフォームを含む HTML をクライアントに送信し、さらに異なるパスへは POST メソッドでサブミットを行ってデータを受け取るようになっている。そして、受け取ったデータを表示するように、空欄を埋めよ。

```
const http = require('http')
const url = require('url')
const querystring = require('querystring')
const port = 3000
const header = (title) =>
`<head><meta charset="utf-8"><title>${title}</title></head>`
const page = (title, contents) =>
`<!DOCTYPE HTML><html>${header(title)}\
<body>${contents}</body></html>`
const output = (res, html) => {
  res.statusCode = 200
  res.setHeader('Content-Type', 'text/html; charset=UTF-8')
  res.end(html)
}


const server = http.createServer((req, res) => {
  const reqUrl = url.parse(req.url, true)
  if (reqUrl.pathname === '/' && req.method === 'GET') {
    output(res, page('Form Input', `<h4>名前を入力してください</h4>
      <form method="POST" action="/post_name">
        <input type="text" name="name"
              placeholder="名前を入力してください">
        <input type="submit" value="Submit">
      </form>`))
```

（前のページに続く）

解答 9-3

① "POST"

② parse

③ name

　Node.js でのフォーム入力結果の受け渡しについての基本的な問題です。まず、リクエストがあれば、createServer メソッドの引数の関数が常に呼び出されるので、URL にあるパスをもとにして、フォームのページなのか、POST しているのかを判定しています。ルートへの GET メソッドだとフォームを表示しますが、フォームからの POST ではパスが /post_name になり、req.method で得られるメソッドは①のように文字列で POST になります。POST の場合は長いデータが送られることも考慮して、通常はリクエストに対する on メソッドを利用して、イベントハンドラーを定義します。ここで、data イベントはデータを受け取ったらイベントが発生しますが、データの一部だけ受け取っても発生するイベントなので、データは変数 body に追記していく必要があります。そして、end イベントは全てのデータが送信されたときに発生するので、ここでデータ処理を行うことができます。

　Query string モジュールを使えば、MIME タイプが application / x-www-form-urlencoded、すなわちフォームから POST でサブミットされたデータの解析が可能です。②のようにモジュールにある parse メソッドを使用するとフォームの要素に入力したデータがプロパティとして得られるオブジェクトが返されます。ここで、名前は name という名前の name 属性だったので、③のように name プロパティを利用することでテキストデータに設定された値が得られます。null が返ることも想定して、|| 演算子により返り値が falsy の場合は空文字列を返します。

■ **JavaScript ミニ知識　リクエストのパス**

　Node.js のドキュメントを見ると、ClientRequest というクラスが HTTP モジュールに定義されています。createServer メソッドの引数の関数では req や request といった名前が使われるので、ここには ClientRequest クラスのオブジェクトが設定されると思いがちです。そのクラスには path プロパティが定義されているので、パスはそれをみれば良いかと思うかもしれません。しかしそのプロパティは undefined です。req 変数が参照するオブジェクトは IncomingMessage クラスで、そちらには path プロパティは定義されていません。そこで url プロパティの値をもとに URL モジュールで分析するのが確実な方法となります。

問 9-4 (No.116)　ファイルの内容を返す

★
JavaScript

　次のプログラムは、ファイルの内容をクライアントに送付する。URL に含まれるパスが、スクリプトの存在するディレクトリーからの相対パスとして指定されてファイルの中身が送られるように、空欄を埋めよ。

```javascript
const http = require('http')
const url = require('url')
const fs = require('fs')
const path = require('path')
const port = 3000
const baseDir = __dirname // スクリプトの存在するパス

const mimeTypes = { '.html': 'text/html', '.jgp': 'image/jpeg',
  '.css': 'text/css', '.js': 'text/javascript',
  '.png': 'image/png', '.ico': 'image/x-icon' }

const server = http.createServer((req, res) => {
  const parsedUrl = url.parse(req.url, true)
  res.setHeader('Content-Type', getContentType(parsedUrl.pathname))
  const filePath =    ①    (baseDir, parsedUrl.pathname)
      ②    (filePath, (error, data) => {
    if (!error) {
      res.statusCode = 200
      res.end(    ③    )
    } else {
      res.statusCode = 404
      res.end('404 - File Not Found')
    }
  })
})
// プログラムは次のページに続く
```

```
function getContentType(pathName) {

  let contentType = 'application/octet-stream'

  fileEXT = '.' + pathName.split('.')[1]

  if (mimeTypes.hasOwnProperty(fileEXT)) {

    contentType = mimeTypes[fileEXT]

  }

  return contentType

}


server.listen(port, () => console.log('稼働しました'))
// 出力例：稼働しました
```

（解答例は、2ページ先にあります）

問 9-5（No.117）　テンプレートエンジン

★★
JavaScript

　テンプレートエンジンで生成した HTML データをレスポンスとして返すように
プログラムを作成する。あるディレクトリーに以下の内容のファイル index.ejs と
index.js を作成した。稼働させるために、まず、スクリプトのディレクトリーを
カレントディレクトリーにして「npm init」とコマンド入力した。その後、様々な
パラメーターを問い合わせて来るので、全てそのまま Enter キーを押し、最後に
package.json ファイルを確認する箇所だけ yes と入力してファイルが作られるよ
うにする。そして、package.json ファイルの "scripts" キーの中に、"test" に加
えて、「"start": "node index.js"」も追加する。テンプレートエンジンとしては
EJS を利用するので、さらに「npm install ejs --save」とコマンド入力した。そ
して、「npm run start」とコマンド入力すれば稼働する。正しく動作できるよう
に空欄を埋めよ。

■ index.ejs
```
<!DOCTYPE html>
<html>
<head>
  <title>テンプレートエンジンの例</title>
```

```
</head>
<body>
  <center>
    これはホームページです.<br/>
    こんにちは、 <%=name%>
  </center>
</body>
</html>
```

■ index.js

```
const ejs =      ①
const http = require('http')
const port = 3000

const server = http.createServer((req, res) => {
  res.setHeader('Content-Type', 'text/html; charset=UTF-8')
  ejs.     ②     ('index.ejs', {'name': 'Rakib'},
    (err,      ③     )=>{
    if(err){
      res.statusCode = 500
      res.end()
    } else {
      res.statusCode = 200
      res.end(     ③     )
    }
  })
})

server.listen(port, () => console.log('稼働しました'))
// 出力例：稼働しました
```

**解答
9-4**
① `path.join`

② `fs.readFile`

③ `data`

　ここで新しく登場したのは Path と File system モジュールです。File system モジュールを参照する変数 fs にある `readFile` メソッドを②で使用しています。このメソッドの最初の引数には、読み込むファイルへのパスを指定しますが、パス関連の処理を行うのが Path モジュールです。`__dirname` により現在のスクリプトが存在するパスが分かります。これに、リクエストした URL のパス部分を Path モジュールの `join` メソッドを①のところで使い、ファイルへの絶対パスを得ています。`readFile` でファイルの読み出しが終われば、メソッドの 2 つ目の引数が呼ばれ、引数 data にファイルの中身が得られます。引数 error は文字通りエラーの有無とエラー内容が分かるので、error の値をチェックしてエラーがなければ③のように data を返します。

　ファイルの内容を返す場合、内容に応じた MIME タイプを求める必要があり、そのために、`getContentType` 関数を定義しています。拡張子と MIME タイプの対応表が `mimeTypes` 変数のオブジェクトで、拡張子から判定しています。そこにない拡張子の場合は `application/octet-stream` を返すようにしています。

**解答
9-5**
① `require('ejs')`

② `renderFile`

③ `str`

　EJS は、Node.js で使用できるテンプレートエンジンです。テンプレートエンジンを使えば、HTML と拡張した記述によって、別途用意した変数やオブジェクトなどの値を埋め込んで HTML データを作る仕組みです。

　①では EJS をインポートしています。テンプレートに変数などを埋め込むレンダリングの作業は、②のように `renderFile` メソッドを使用します。`renderFile` メソッドの最初の引数にはテンプレートのファイルを指定し、2 つ目の引数には埋め込むデータを記述します。テンプレート内の `<%=name%>` という部分は、2 つ目の引数のオブジェクトにある name プロパティの値に置き換わります。`renderFile` メソッドの 3 つ目の引数にはレンダリング終了後に実行する関数を記述しますが、レンダリング結果は 2 つ目の関数の 2 つ目の引数に代入されるので、③のようにその値をレスポンスとして戻します。

問 9-6（No.118）　単体テストを作成する

★★
JavaScript

JavaScript の単体テストを Node.js 上で稼働する jest というパッケージを使って行いたい。あるディレクトリーに以下の内容のファイル customized.js と customized.spec.js を作成した。稼働させるために、まず、スクリプトのディレクトリーをカレントディレクトリーにして「npm init」とコマンド入力した。その後、様々なパラメーターを問い合わせて来るので、全てそのまま Enter キーを押し、最後に package.json ファイルを確認する箇所だけ yes と入力してファイルが作られるようにする。そして、package.json ファイルの "scripts" キーの中に、"test" の項目があるので、その値を "jest" に変更して、「"test": "jest"」とする。テスト実行のために jest を利用するので、さらに「npm install jest --save」とコマンド入力した。そして、「npm test」とコマンド入力すれば稼働する。正しく動作できるように空欄を埋めよ。

■ customized.js
```js
exports.sum = (a, b) => {
  if (typeof(a) !== 'number' || typeof(b) !== 'number')
    throw TypeError('Both values must be number')
  return a + b
}
```

■ customized.spec.js
```js
const sum = require('./customized').sum

describe("sum()", () => {
    ①    ("should return number", () => {
      ②    (sum(1,2)).    ③    (3)
  })
    ①    ("should throw Exception", () => {
      ②    (() => { sum(1,'2'); }).    ④    (TypeError)
      ②    (() => { sum('1',2); }).    ④    (TypeError)
  })
})
```

■ 出力結果

```
PASS  ./customized.spec.js
 sum()
   ✓ should return number (2 ms)
   ✓ should throw Exception (4 ms)


Test Suites: 1 passed, 1 total
Tests:       2 passed, 2 total
Snapshots:   0 total
Time:        1.371 s
```

（解答例は、2 ページ先にあります）

問 9-7（No.119）　API 応答の自動テストを作成する

★★
JavaScript

　jest に加えて supertest というパッケージを使って API の応答のテストを行いたい。あるディレクトリーに以下の内容のファイル server.js と response.spec.js を作成した。稼働させるために、まず、スクリプトのディレクトリーをカレントディレクトリーにして「npm init」とコマンド入力した。その後、様々なパラメーターを問い合わせて来るので、全てそのまま Enter キーを押し、最後に package.json ファイルを確認する箇所だけ yes と入力してファイルが作られるようにする。そして、package.json ファイルの "scripts" キーの中に、"test" の項目があるので、その値を "jest" に変更して、「"test": "jest"」とする。テスト実行のために jest と supertest を利用するので、さらに「npm install jest supertest --save」とコマンド入力した。そして、「npm test」とコマンド入力すれば稼働する。正しく動作できるように空欄を埋めよ。

■ server.js

```
const http = require('http')
const url = require('url')

const server = http.createServer((req, res) => {
  const reqUrl = url.parse(req.url, true)
  const fruits = ['林檎', 'オレンジ', 'バナナ', 'メロン', '葡萄']
```

```javascript
    if(reqUrl.pathname === '/fruits' && req.method === 'GET'){
      res.statusCode = 200
      res.setHeader('Content-Type', 'application/json')
      res.end(JSON.stringify(fruits))
    } else {
      res.statusCode = 500
      res.setHeader('Content-Type', 'application/json')
      res.end('エラー')
    }
})


module.exports = server
```

■ response.spec.js

```javascript
const [    ①    ] = require("supertest")
const server = require('./server')

describe("GET /fruits ", () => {
  it("Should respond with an array of fruits", async () => {
    const response = await request(server).[    ②    ]("/fruits")
    expect(response.body).toEqual(
        ['林檎', 'オレンジ', 'バナナ', 'メロン', '葡萄'])
    expect(response.statusCode).[    ③    ](200)
  })
})
```

■ 出力結果

```
PASS  ./response.spec.js
 GET /fruits
    ✓ Should respond with an array of fruits (26 ms)
 (以下省略)
```

解答 9-6	① it	③ toEqual
	② expect	④ toThrow

　jest でファイルをテストスクリプトとして実行するには、ファイル名の末尾を .spec.js または .test.js にします。jest によって、これらのファイルのテストコードが自動的に呼び出されます。自動認識されたファイルの中の describe メソッドにある 2 つ目の引数の関数が自動的に呼び出されます。その関数内ではテストごとに分離するために it や test によってブロックを形成し、2 つ目の引数の関数の中に、実際のテストケースを記述します。問題のテストコードでは 1 ファイルに 2 つの it メソッドがあり、これを 1 つのテストスイートがあって、2 つのテストがあると認識します。

　いわゆるアサートに対応するメソッドには、expect が用意されています。「expect(テストコード). 比較メソッド (対照値)」といった記述を行い、テストコードには、テストしたいコードを呼び出して、結果が返されるようにしておきます。その値と「対照値」を比較メソッドを使って比較し、true ならテストに合格とします。比較メソッドはたくさんありますが、toEqual メソッドは、オブジェクトインスタンスの全てのプロパティを再帰的に比較します。toThrow メソッドはテストコードで対照値で与えた種類の例外が発生した場合に合格とします。

解答 9-7	① request	③ toBe
	② get	

　supertest により、サーバー機能の応答結果だけを得ることができます。つまり、実際にサーバーとして稼働させるのではなく、単体のコンピューターでサーバー機能をテストすることができます。supertest のモジュールは、①のように request という変数で受け取るのが動作が分かりやすいでしょう。一方テスト対象のサーバーは、server という変数で参照しています。そして、「request(server).get(パス)」により、server で参照している側のモジュールの createServer メソッドで作成したサーバー処理部分を呼び出し、その結果を返し変数 response に代入しています。つまり、GET メソッドをリクエストした時と同じ処理を行って応答が意図した通りかを確認するテストができます。応答のテストをするので、listen メソッドでポートにバインドする必要はありません。response の body プロパティや statusCode プロパティが想定したものになっているかどうかを expect と比較メソッドで調べています。toEqual メソッドはオブジェクト単位での比較に、toBe は整数などのプリミティブ値の比較に使えます。

問 9-8（No.120）　Express.js を使用してサーバーを作成
★★
JavaScript

Node.js ではウェブサーバーとして Express.js を使うことが最も定番とされている。Express.js を使ってサーバーとして機能するように、以下のプログラムの空欄を埋めよ。稼働させるために、以下のプログラムは index.js ファイルに保存したとする。スクリプトのディレクトリーをカレントディレクトリーにして「npm init」とコマンド入力する。その後、様々なパラメーターを問い合わせて来るので、全てそのまま Enter キーを押し、最後に package.json ファイルを確認する箇所だけ yes と入力してファイルが作られるようにする。そして、package.json ファイルの "scripts" キーの中に、"test" に加えて、「"start": "node index.js"」も追加する。Express.js と body-parser を利用するので、さらに「npm install express body-parser --save」とコマンド入力した。そして、「npm run start」とコマンド入力すれば、index.js がサーバーとして稼働する。

```
const express = require("express")
const app =    ①
const port = 3000


app.   ②   ("/", (req, res) => {
  res.   ③   ('Hello World!')
})


app.   ②   ("/home", (req, res) => {
  res.   ③   ('これはホームページのコンテンツです')
})


app.listen(port, () => console.log('稼働しました'))
// 出力例：稼働しました
```

解答 9-8
① express()
② get
③ send

①のように、express() によって、Express.js アプリケーションインスタンスが作成されます。このインスタンスを使用して、アプリケーションのパスを定義し、サーバーを作成して、ポートをリッスンすることができます。GET メソッドに応答するには、②のようにアプリケーションに対して get メソッドを記述します。引数には、パスと呼び出された場合に実行する関数を指定します。関数は HTTP モジュールの createServer メソッドと同様な引数ですが、単に結果を返すだけなら、③のように send メソッドでボディ部分だけを指定するだけです。複数のパスで異なる応答にしたい場合は、その数だけ get メソッドを呼び出します。このように、HTTP モジュールよりもさらにシンプルに、また分離された状態のコードを記述できるので、Express.js は人気があります。

■ JavaScript ミニ知識　JavaScript のテスト

ソフトウェアの品質向上のために行われる自動テストを行うのは当然のことと認識されています。一方で、ブラウザー環境においては、ブラウザー特有の事情があるので、単にソースコードだけの問題ではないと思われるところかと思います。出来上がった Web ページについては、Selenium を利用して自動テストを行うことがよく行われています。ユーザーがページを利用するのと同じ状況において、意図した結果になるかをソフトウェアで機械的に確認できます。その意味では、Selenium は受入テストや統合テストの段階で利用する素材とも言えます。

単体テストについては、Node.js 上で稼働する jest や mocha などが使われています。Node.js 上ですがサーバーのスクリプトだけでなく、ブラウザー上で使うスクリプトの単体テストにも利用できます。ブラウザーで使うプログラムについては、イベント処理や document といった記述があると、Node.js 上では実行できないので、Node.js で実行できるコードと、ブラウザー特有のコードにうまく分離をして、前者に対して単体テストを行うようにします。単体テストは事実上の仕様確認でもあるので開発はそれほど大変ではありません。機械的にチェックできるということで、思わぬ副作用が見つかることもあり、自動テストは品質の保持と向上には欠かせない作業になっています。

索引

Index

あ

か

筆者紹介

金子　平祐　(かねこ　へいすけ)

　ライフマティックス株式会社ソフトウェア開発事業部エンジニア。早稲田大学大学院理工学研究科情報科学専攻修士課程修了。株式会社オージス総研にて IT トレーニング講師等を経験後、現職へ。Web アプリケーション / スマートフォンアプリケーション「単語 Box」を個人で開発、運営している。

Grodet Aymeric　(ごろで　えむりく)

　博士（理学）、ライフマティックス株式会社ソフトウェア開発事業部エンジニア。フランス・ブルゴーニュ大学理工学研究科修士情報通信科学専攻修了、愛媛大学大学院理工学研究科博士後期課程数理物質学専攻修了。複雑な問題の簡単な解決策を探すのが専門、アルゴリズムに深く興味を持つ。『Python 基礎ドリル穴埋め式』共著者。自動化スクリプトを書きすぎ。

Bahadur MD Rakib　(ばはどぅる　えむでぃ　らきぶ)

　ライフマティックス株式会社ソフトウェア開発事業部エンジニア。East West University コンピューター科学および工学部。理学士。Exodius Limited の元共同創設者。

新居　雅行　(にい　まさゆき)

　博士（工学）、ライフマティックス株式会社アライアンス事業部リードエンジニア。電気通信大学大学院後期博士課程情報システム学研究科社会知能情報学専攻修了。日経パソコン記者、ローカス、アップルジャパン、フリーランス、国立情報学研究所を経て現職。主な著者には『Macintosh アプリケーションプログラミング』『新リレーションで極める FileMaker』『Python 基礎ドリル穴埋め式』がある。JavaScript/PHP ベースの Web アプリケーションフレームワーク「INTER-Mediator」をオープンソースとして開発している。

各章扉のイラスト：イラストポップ（illpop.com）

- 本書の内容に関する質問は、オーム社ホームページの「サポート」から、「お問合せ」の「書籍に関するお問合せ」をご参照いただくか、または書状にてオーム社編集局宛にお願いします。お受けできる質問は本書で紹介した内容に限らせていただきます。なお、電話での質問にはお答えできませんので、あらかじめご了承ください。
- 万一、落丁・乱丁の場合は、送料当社負担でお取替えいたします。当社販売課宛にお送りください。
- 本書の一部の複写複製を希望される場合は、本書扉裏を参照してください。

JCOPY ＜出版者著作権管理機構 委託出版物＞

JavaScript 基礎ドリル
穴埋め式

2020 年 11 月 27 日　　第 1 版第 1 刷発行

著　　者　金 子 平 祐
　　　　　Grodet Aymeric
　　　　　Bahadur MD Rakib
　　　　　新 居 雅 行
発 行 者　村 上 和 夫
発 行 所　株式会社 オーム社
　　　　　郵便番号　101-8460
　　　　　東京都千代田区神田錦町 3-1
　　　　　電話　03(3233)0641(代表)
　　　　　URL　https://www.ohmsha.co.jp/

© 金子平祐・Grodet Aymeric・Bahadur MD Rakib・新居雅行　2020

組版　トップスタジオ　　印刷・製本　壮光舎印刷
ISBN978-4-274-22619-9　Printed in Japan

本書の感想募集　https://www.ohmsha.co.jp/kansou/
本書をお読みになった感想を上記サイトまでお寄せください。
お寄せいただいた方には、抽選でプレゼントを差し上げます。